现代航天^{百科}

（导读版） ▶▶▶

《深度文化》编委会 编著

U0275096

清华大学出版社
北京

内 容 简 介

本书是介绍航天知识的科普图书，书中以问答的形式介绍了航天领域的相关内容，帮助读者循序渐进地了解有关航天的知识。本书在介绍航天历史的同时，还对与之相关的知识体系，如航天发展中涉及的科学技术、航天人员的选拔、航天器的构造等内容进行了详细分析与说明，能够有效提升读者对航天活动的认知水平。全书结构清晰，分章合理，主次分明，不同年龄段的航天爱好者均能从中获益。

本书内容丰富，结构严谨，图解清晰，讲解通俗易懂，既适合广大航天爱好者和中小学生作为科普读物，也适合作为航空航天专业的学生、航天工程师、天文学者、影视制作人员、科技博主等专业人士的参考书籍。此外，本书还可作为各大高校航空航天专业及相关学科的教学辅助用书。

图书在版编目（CIP）数据

现代航天百科：导读版 /《深度文化》编委会编著 .

北京：清华大学出版社，2025.2 -- ISBN 978-7-302-68350-6

Ⅰ . V4-49

中国国家版本馆 CIP 数据核字第 2025FH7372 号

责任编辑：李玉萍
封面设计：王晓武
责任校对：张彦彬
责任印制：曹婉颖

出版发行：清华大学出版社

网　　址：https://www.tup.com.cn，https://www.wqxuetang.com
地　　址：北京清华大学学研大厦 A 座　　　　　邮　编：100084
社 总 机：010-83470000　　　　　　　　　　邮　购：010-62786544
投稿与读者服务：010-62776969，c-service@tup.tsinghua.edu.cn
质 量 反 馈：010-62772015，zhiliang@tup.tsinghua.edu.cn
印 装 者：涿州市般润文化传播有限公司
经　　销：全国新华书店
开　　本：146mm×210mm　　印　张：8.5　　字　数：354 千字
版　　次：2025 年 4 月第 1 版　　　　　　　　印　次：2025 年 4 月第 1 次印刷
定　　价：58.00 元

产品编号：099303-01

前　言

　　1957年10月，世界上第一颗人造地球卫星在苏联发射成功，开创了人类航天的新纪元，宇宙空间开始成为人类活动的新疆域。这一年也成为了第一个国际空间年。半个多世纪以来，航天技术已经在世界范围内取得了巨大的进展，航天技术已经广泛应用于科学活动、军事活动、国民经济和社会生活等许多领域，产生了极其重大而深远的影响。

　　目前，人类研制了多种用于开发太空的航天器，如人造地球卫星、载人飞船、空间站以及星际探测器。它们广泛应用于广播通信、资源勘测、气象预报、导航定位、空间微重力实验、深空探测和军事等方面，取得了巨大的经济效益、广泛的社会效益和军事效益。当载人航天把人类文明推向太空时，开启新的科学认知大门的金钥匙出现了，

空间飞行器中的微重力环境，正好可以帮助科学家们去揭开深层次的科学奥秘。

本书是介绍航天知识的科普图书，书中有130余个精心挑选的热点问题，从航天活动、航天发射、航天技术、航天人员、载人航天器、无人航天器等多个角度切入，对航天领域相关知识进行了全方位的解读与说明。全书文字通俗易懂，并加入了大量示意图、实物图和高清赏析图，符合不同年龄段的航天爱好者的阅读需求。阅读本书之后，读者会对航天知识有一个全新的认识。

本书是真正面向航天爱好者的基础图书，编写团队拥有丰富的科普图书写作经验，并已出版了数十本畅销全国的图书作品。与同类图书相比，本书不仅图文并茂，而且在资料来源上也更具权威性和准确性。

对于广大资深航天爱好者，以及有意了解航天知识的青少年来说，本书不失为极有价值的科普读物。希望读者朋友们通过阅读本书，能够循序渐进地提高自己的知识素养。

本书由《深度文化》编委会创作，参与编写的人员有丁念阳、阳晓瑜、陈利华、高丽秋、龚川、何海涛、贺强、胡姝婷、黄启华、黎安芝、黎琪、黎绍文、卢刚、罗于华等。

由于时间仓促，编者水平有限，书中难免存在疏漏之处，欢迎各位读者批评指正。读者朋友可以通过电话、邮件、官方网站和微信公众号等多种途径提出自己的意见和建议。

编　者

目 录

1919年，罗伯特·戈达德发表了论文《到达超高空的方法》。论文中提到如果把拉瓦尔喷管应用到液态火箭发动机，其足够的动力就可以使星际旅行成为可能。他还在实验室中证明了火箭可以在真空空间工作，但当时并没有得到普遍认同。这篇论文对后来从事航天工程的关键人物产生了极大影响，其中包括赫尔曼·奥伯特和沃纳·冯·布劳恩。

现如今，航天的作用已经不仅仅局限于科学技术领域，对国家和国际的政治、经济、军事与社会生活也都产生了广泛而深远的影响。

"勘测者"1号探测器在太空工作

"礼炮"7号空间站

正在发射的"德尔塔"2号火箭

➡ 航天系统包括哪些

　　航天系统是指由航天器、航天运输系统、航天发射场、航天测控网、应用系统等组成的用于完成特定航天任务的工程系统。其中，应用系统指航天器的用户系统，一般是地面应用系统，如各类卫星的地面应用系统、载人航天器的地面应用系统、空间探测器的地面应用系统等。

　　航天系统按是否可载人可分为无人航天系统、载人航天系统；按用途可分为民用航天系统和军事航天系统；按航天器种类可分为卫星航天系统、载人飞船航天系统、月球卫星航天系统等。

　　航天系统是典型的现代复杂工程大系统，是国家级大型工程系统，具有规模庞大、系统复杂、技术密集、综合性强，以及投资大、周期长、风险大、应用广泛和社会经济效益十分可观等特点。组织管理航天系统的设计、制造、试验、发射、运行和应用，要采用系统工程的方法，在航天工程实践中形成的航天系统工程，进一步丰富和发展了系统工程的理论和方法。完善的航天系统是一个国家航天实力和综合国力的重要标志，目前世界上只有为数不多的国家具备这种实力。

美国 X-15 火箭动力实验机

"太空船" 2 号飞行概念图

陈列在博物馆的"天空实验室"2号指挥舱

→ 航空与航天的区别是什么

航空技术主要是研制军用飞机、民用飞机及吸气发动机，而航天技术主要是研制无人航天器、载人航天器、运载火箭和导弹武器，最能集中体现两者成果的是航空器和航天器，从航空器与航天器的重大区别上就能看出这两个技术领域的显著差异。

第一，飞行环境不同。所有航空器都是在稠密大气层中飞行的，其工作高度有限。现代飞机最大飞行高度也就是距离地面30多千米。即使以后飞机上升高度提高，它也离不开稠密大气层。而航天器冲出大气层后，要在近于真空的宇宙空间里按照与自然天体类似的运动规律飞行，其运行轨道的近地点高度在100千米以上。对于运行中的航天器来讲，还要考虑太空飞行环境。

第二，动力装置不同。航空器都靠吸气发动机提供推力，以空气中的氧气作为氧化剂，本身只携带燃烧剂。而航天器的发射和运行都靠火箭发动机提供推力，其既要携带燃烧剂又要携带氧化剂。吸气发动机离开空气就无法工作，而火箭发动机离开空气后反而使阻力减小、有效推力增大。吸气发动机包括燃烧剂箱在内都可随飞机多次使用，而发射航天器的运载火箭都是一次性使用。虽然航天飞机的固体助推器经过回收可以重复使用20次，其轨道器液体火箭发动机可以重复使用50次，但与航空器使用的吸气发动机相比，使用次数仍然是很少的。吸气发动机所用的燃烧剂仅为航空汽油和航空煤油，而火箭发动机所用的推进剂却是多种多样的，既有液体的，也有固体的，还有固液混合型的。

第三，飞行速度不同。现代飞机的最快速度也就是音速的3倍多，且是军用飞机。至于目前正在使用的客机，都是以亚音速飞行的。而航天器为了不致坠地，都是以非常高的速度在太空运行的。如在距地面600千米高的圆形轨道上运行的航天器，其速度是音速的22倍。所有航天器正常运行时都处于失重状态，若长期载人会使人产生失重生理效应，并影响健康。正因如此，航天员与飞机驾驶员相比，其选拔和训练要严格得多。

第四，工作时限不同。无论是军用飞机还是民用飞机，其活动范围和工作时间都很有限。虽然通用轻型飞机应用广泛，但每次活动范围相对更小。而航天器在轨道上可持续工作很长时间，如目前仍在使用的"联盟"TM号载人飞船，与空间站对接后可在太空运行数月之久；再如航天飞机，能在轨道上飞行7～30天，约1.5小时即可围绕地球飞行一周。至于无人航天器，如各种应用卫星，一般都能够在绕地轨道上持续工作多年。

第五，升降方式不同。飞机的升空是指飞机从起飞线开始滑跑到离开地面，并加速爬升到安全高度为止的运动过程。飞机返回地面降落时只要经过下滑和着陆即可，只有个别飞机（如英国的"鹞"型战斗机）采用发动机喷口转向的方式使飞机能够垂直起落，但机身并未竖起，仍处于水平位置。而至今为止的航天器发射，包括地面和海上的发射，顶部装着航天器的运载火箭都是垂直升空的。在完成发射过程中，运载火箭要按程序掉头转向和逐级脱离，最终将航天器送入预定轨道运行。有的航天器发射，中间还要经过多次变轨，情况更为复杂。航天飞机虽然也能发射航天器，但它本身亦是垂直发射升空的。航空器的起飞、飞行和降落与航天器的发射、运行和返回，虽然都离不开地面中心的指挥，但航空器与航天器的地面设施和保障系统及其工作性能与内容却有很大区别。

美国 F-35 "闪电" 战斗机

在发射基地的 "德尔塔" 2 号火箭

美国"亚特兰蒂斯"号航天飞机

太空到底是指哪里

太空是指地球大气层以外的宇宙空间。位于瑞士日内瓦的国际航空联合会定义了大气层与太空的界线：以离地球海平面100千米的高度为分界线，称为卡门线。卡门线以美国科学家西奥多·冯·卡门的名字命名。

地球物理学家将大气空间分为5层，分别为对流层（海平面至10千米），平流层（10～40千米），中间层（10～80千米），热层（80～370千米，属于电离层的下部），外大气层（370千米以上，属于电离层的上部），对流层有稠密的空气，又称为稠密大气层，其随着高度的增加，空气越来越稀薄。从地球表面到100千米的高度，随高度增加，空气越来越少。地球上空的大气约有75%存在于对流层内，97%在平流层以下。热层的空气密度为地球表面的1%。在外太空1.6万千米高度处空气仍然存在，甚至在10万千米高度处仍有空气粒子。因此，空气空间与外层空间没有明确的界限。

在太空中，各种天体也向外辐射电磁波，许多天体还向外辐射高能粒子，形成宇宙射线。如太阳有太阳电磁辐射、太阳宇宙线辐射和太阳风，太阳宇宙线辐射是太阳在发生耀斑爆发时向外发射的高能粒子，而太阳风则是由日冕吹出的高能等离子体带电粒子流。

许多天体都有磁场，磁场可以俘获上述高能带电粒子，形成强辐射带，如在地球的上空，就有内外两个辐射带。由此可见，太空还是一个强辐射环境。

"猎户座"飞船与国际空间站对接概念图

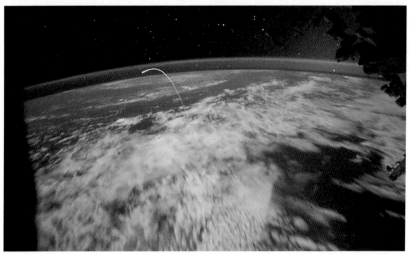

航天器再入时的电离气体痕迹

→ 太空环境是什么味道的

如果没有航天服的保护，人类是无法在太空生活的。至于太空环境是什么味道，其实也有科学家以及航天员研究过。航天员从太空返回航天器后，摘下头盔时他们会闻到一种强烈的特殊气味，并且不仅在头盔上，在航天服上也有相同的气味。

1969 年，"阿波罗"号航天员成功登月并返回驾驶舱后，在脱下航天服时就明显地闻到身上有一种奇怪的、好像尘土烧焦的味道，由此可见，气味是会沾在航天服上的。

而据美国航天局的另一位航天员回忆：太空中的味道闻起来有点像是烤焦的牛排，但这种味道并没有那种刺鼻的感觉，而是令人非常舒服的气味。从航天员的描述来看，太空似乎没有统一的味道，但有一些普遍的相似之处。美国航天局曾经就这个问题邀请香料制造商史蒂夫·皮尔斯进行宇宙的味觉训练模拟，通过对他人的采访和对宇宙中常见物质的分析，他在接受采访时表示，当航天员在空间站摘下头盔时，航天服上的味道闻起来更像牛排、热金属或摩托车上焊缝的味道。这是宇宙太空的味道，或者说是太阳系的味道。

对于这一点科学家们也表示：因为太空气味可能与臭氧相关，当航天员在太空继续工作的时候，空间中的氧原子可能会附着在物体的外表层。而当这些氧原子遇到太阳辐射后，可能会发生一些反应，而这种反应对人类没有太大的伤害。因此，当航天员返回航天器后，就会闻到一丝烤肉或者其他味道。

在太空拍摄的飓风艾伦

"发现"号航天飞机在太空发现的极光

在太空运行的国际空间站

→ 太空中也有白天和黑夜吗

　　地球的白天和黑夜是以太阳照射为依据的。每天太阳从地平线上升起后到落下前的这段时间,就是白天;反之就是黑夜。即便乌云覆盖大地,这种感觉仍然存在。由于地球上包裹着一层厚厚的大气,大气会对阳光进行折射、反射、衍射,太阳没有出来时,通过大气的折射、反射、衍射,天空就亮了;而太阳落下地平线后,天空也不会突然暗下去。

　　太阳东升西落实际上不是太阳自身运动造成的,而是地球自转造成的。地球每天自转一圈,因此每时每刻都有一半向着太阳,一半背着太阳。向着太阳的一面就是白天,背着太阳的一面就是黑夜。

　　白天和黑夜是地球概念,是太阳照射或不照射的一种现象。这种现象不光在地球上存在,几乎在所有的星球上都存在,如月球、火星、木星等都存在。

　　太空中没有大气,不但不能折射、反射、衍射阳光,而且对阳光中的高能射线也失去了过滤和防护作用。若没有护目镜和航天服的保护,阳光不但会灼伤眼睛,还会烧伤人的身体。

　　这是因为太阳能量是以电磁辐射的形式传递的,电磁波中不但包含了可见光,还包含了无线电波、红外线等低频低能电磁波,以及紫外线、X射线、伽马射线等高频高能的电磁波。这些高能高频电磁波在经过地球大气层时,会被大气层中的臭氧层等吸收和反射掉,等到了地表后就所剩无几,因此人类和其他生物的生存才能得到保障。而在太空中,没有了大气层的保护,阳光的杀伤力就很强了。

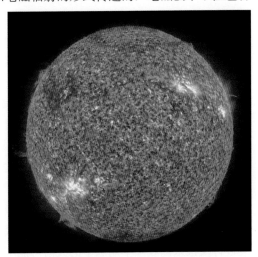

2010 年拍摄的太阳紫外线假色影像

太空是一个近乎真空的环境，缺乏物质来传导和对流热量，因此热量主要通过辐射方式传递。同时，太空中的物体会迅速通过辐射失去热量，趋向于接近绝对零度的宇宙背景温度，且没有大气层产生温室效应来保温，这使得太空成为一个极端寒冷的环境。

日全食图像

→ 太空垃圾是如何产生的

太空垃圾包括因已达到使用寿命而报废，或因事故和故障而失控的人造卫星、发射各类航天器时使用过的火箭本身及其一部分零件、多级火箭分离时产生的碎片、大块碎片相互碰撞后产生的小碎片，以及航天员遗失的手套和工具等物品。它们与天然岩石、矿物质和金属等构成的宇宙尘埃、流星体等是不同的概念。

美国在 20 世纪 60 年代曾经执行过西福特计划，将 4.3 亿根铜制偶极天线散布在轨道上形成云状环，从而反射无线电信号以便海外的美军能更好地与本国联系。该计划散布的针状物分布于高度在 3500 千米到 3800 千米之间、轨道倾角在 96 度到 87 度之间的轨道范围，最终变成了太空垃圾。

航天器在升空过程中也会产生太空垃圾。大部分运载火箭的第一级都会自然落入大气并烧毁，而第二级或末级若能达到入轨高度，一般则会进行反推来回收（早期版本的火箭可能不会拥有此功能），不过少部分情况下，会因为发动机突然爆炸或是零组件遗落、燃料估算错误而导致最终无法进行所谓的可操作坠毁的过程。另外，虽然很多卫星在达到使用寿命后都会通过变轨来碰撞大气自毁，但除了高轨道卫星动能庞大、难以坠毁之外，有时候老旧卫星的操作也会遇到不可预期的问题而失控，而这是目前大型太空垃圾的主要来源。

美国与俄罗斯在 20 世纪 60 至 70 年代所进行的一系列反卫星武器试验为太空垃圾的主要来源之一。当时美国唯一一个能够运作的反卫星武器"437 号计划"于 1975 年正式关闭。但在 20 世纪 80 年代，美国又重新启动反卫星武器计划，并与沃特公司签约研发出 ASM-135 反卫星导弹。1985 年进行的实验击毁了一个环绕地球 525 千米的卫星，制造了上千颗体积大于 1 立方厘米的太空垃圾。所幸由于实验在较低的轨道上进行，大部分的碎片被重力牵引并在大气层内燃烧殆尽。

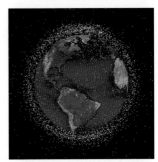

位于近地轨道的太空垃圾

漂浮中的太空垃圾

→ 如何处理太空垃圾

自人类开始使用航天器探索太空，因航天活动产生的太空垃圾便逐渐增多。它们主要集中在两个人造卫星云集的区域，即集中在高度在2000千米以下的低轨道和距离地面3.5万千米的地球同步轨道上。在"纯自然"条件下，它们要很久才能回到地球。如果残片是在400千米高空的国际空间站轨道上，那么它需要半年到一年的时间回落地球；如果是在800千米高度的轨道上，它要滞留200年；而如果是在地球同步轨道上的话，则它需要数百万年才能回归地球。其中，废弃的卫星、火箭等人造航天器，由于个头大，因此潜在危害也大。直径1毫米的铝球在8千米/秒的速度下，能够毫不费力地穿透4毫米厚的铝层。而太空垃圾的运行速度基本不低于这一速度，万一撞上某个飞行器，其破坏力可想而知。

早在20世纪，航天专家们就已经开始研究限制太空垃圾的产生以及消除太空垃圾的办法。如将停止工作的卫星推送到其他轨道上去，以免同正常工作的卫星发生碰撞；用航天飞机把损坏的卫星带回地球，以减少太空中的大件垃圾。甚至有一些科学家提出，使用激光武器，将太空垃圾在太空中直接焚烧掉。

大一些的太空碎片可以用监测导弹和间谍卫星的系统来进行监测。美国和苏联（俄罗斯）的太空检测网络已经登记了1万个太空物体。每天大约有50个雷达、光学或光电感应器对天空进行大约15万次观察，但是这一监测系统却不能探测到直径或长度小于10厘米的物体，而德国和美国的科学雷达可以探测到2毫米见方的物体。直到1984年，科学家才采取取样调查的方法对这些小物体进行了分析。

尽管发射卫星的数量有所减少，监测技术也有所提高，但消除太空垃圾仍然是一项十分、艰巨的任务。

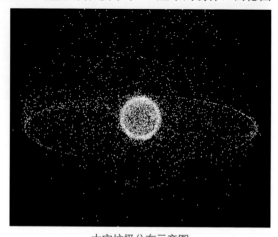

太空垃圾分布示意图

太空垃圾对空间站太阳能电池板造成损坏

太空垃圾在太空漂浮模拟图

→ 第一个进入太空的动物是什么

1957 年 10 月 4 日，苏联顺利发射"史普尼克"1 号，这是人类史上首颗人造卫星。这次航天技术的进步，正式开启了人类对浩瀚宇宙的探索之旅。

大约 1 个月之后，第二颗人造卫星也正式发射，这次搭乘卫星升空的还有一只叫莱卡的流浪狗。

1957 年 11 月 3 日，莱卡搭载着"史普尼克"2 号卫星进入太空。它身上放了很多传感器，用来监测心跳等身体状况。密封舱里放着 7 天的食物，并且最后一顿饭菜含有剧毒。当时的太空技术没有现在那么成熟，而且留给科学家们设计的时间不够，所以这个卫星没有设计生还系统。也就是说，莱卡不可能有活着回到地球的机会。不过，莱卡并不是被毒死的。科学家马拉山科夫博士透露，莱卡根本没能活过一周，而是在进入太空几个小时之后，因为恐惧和高温而死去。绑在莱卡身上的传感器显示，莱卡在死前的最后时光里饱受痛苦和折磨，它的心率是平时的 3 倍。

虽然莱卡的太空探险只持续了几个小时，但它依然是伟大的，这次航行不仅让人类明白了太空的危险性，还促进了载人航天的发展。为了纪念莱卡，人们发行了专门为它设计的邮票，还用它注册了香烟的商标，莫斯科的纪念碑上也记载了莱卡升空的事迹。莱卡升空 40 周年，俄罗斯人还给它建了一个纪念馆，纪念馆所在地正是它曾经训练的地方。目前，全世界为它创作的歌曲至少有 6 首。

第一只进入地球轨道的动物——莱卡

罗马尼亚邮政邮票上的莱卡

水在太空还会往低处流吗

　　水的流向取决于水受力的方向。地面上的水受到地球引力作用，才会向低处流，这是司空见惯的现象。但是，假如水受到的力除了向下的重力外，还有向上的力，而且这两个力的合力又是向上的话，那么水就会按照合力的方向流动。比如，抽水机中的水可以向上流；涨潮是因为月球对海水有吸引力，会使海水涌向岸边；将一支细的吸管插入水中，会看到水在吸管中上升了一定高度，而且吸管越细，水上升的高度越大。液体在吸管中上升还是下降的现象，与固体和液体之间的浸润性有关。

　　浸润是指液体与固体接触时，液体会附着在固体表面的现象。不浸润则是指液体与固体接触时，液体不能附着在固体表面上。液体对固体是否发生浸润现象，是由组成固体和液体物质的分子之间的吸引力决定的。例如，水能浸润玻璃，所以水滴在玻璃表面就会铺展开来。插入水中的吸管，如果内壁被水浸润，管中液面就上升；如果水不浸润吸管内壁，液面在管中就会下降。浸润液体在细管里升高的现象和不浸润液体在细管里下降的现象叫作毛细现象，能够产生明显毛细现象的管叫作毛细管。

　　水在细管中上升的高度还与毛细管的粗细有关系，当管越细时，水在管中上升的高度就越大。通过流体静力学可以计算出来，水在内直径为 1 毫米的玻璃毛细管中上升的高度不过 3 厘米，而在内直径为 1/10 毫米的毛细管中将上升 30 厘米。当我们把内直径较粗的玻璃管插进水中时，几乎观察不到毛细现象。

　　在失重环境中，重力的作用不复存在，流体静压力梯度也会发生变化，这使得水在管中的上升不再局限于极细的毛细管。德国物理学家斯坦奇及其团队在微重力条件下进行了一项实验，他们选用的液体材料是氟化液 FC-77，而圆管材料则是树脂玻璃。在地面重力条件下，液体在圆管中几乎不上升。而在微重力条件下，圆管中的液面持续上升，仅 4.6 秒后，液体在圆管中就上升了 70 至 80 毫米。这种显著的差异是因为在微重力条件下，毛细力得以显著展现。

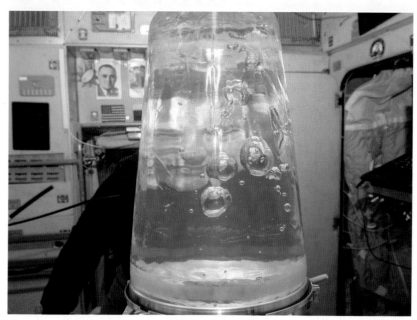

空间站内储备的水

空间站内水滴的状态

→ 在太空中进行的科学研究一般包括哪些

太空中的重力几乎为零，太空环境被称为微重力环境，非常适合做实验。随着科学水平的不断提高，一些科学实验在地球上难以模拟，需要在太空环境中进行。之所以修建国际空间站，就是为了在太空环境里完成实验。

一般我们在微重力环境下能够开展的科学研究包括以下几种。

微重力条件下的流体

微重力流体物理研究微重力下流体（液体、气体及其多相混合物）的流动、形态、相变的规律和机理。在微重力下重力引起的浮力对流、密度分层、沉降、流体内部静压及压力梯度等效应基本消失，而一些次级效应凸显，流态和热质输运表现出新特点。

微重力流体物理研究的内容包括界面现象、多相流、复杂流体等。这一领域的研究对发展先进的空间流体管理、热管理等航天技术有十分

21

重要的影响，其研究成果对改进地面石油、化工、制造等产业的生产过程将做出积极贡献。

微重力条件下的材料制备

在微重力条件下，地面材料制备中依赖于重力的对流控制、扩散机制、凝固过程和缺陷形成等原理将不再适用。探索微重力条件下的材料制备过程能够帮助我们深入理解相应物理规律，发现新的科学问题，从而研制出在地面难以制备的新材料。

微重力条件还便于实现样品悬浮的无容器加工，为在不同于地面的热力学条件下进行材料研究和准确的材料热物性测量提供了有利条件。微重力条件下几乎可以研究所有材料，包括晶体、半导体、超导、磁性、记忆、热电等功能材料，金属合金、泡沫多孔和复合材料，以及陶瓷、玻璃等结构材料。

博物馆中展出的天空实验室的废物处理设备

微重力环境是一种难以模拟的独特条件。因此在太空环境中利用微重力条件进行各项科学研究将为世界各领域的科研与应用做出重大贡献。

航天员在空间站进行实验概念图

航天员在国际空间站的实验舱里进行实验

→ 什么是太空植物

　　任何一种生命形式，之所以能够代代传承下去就是因为它具有遗传物质，遗传物质决定了一个生命体的外在容貌和内在机能。优质的遗传物质能够更好地适应自然环境，使生命体拥有更为强大的生存能力，因此，它们能够更大概率地被保留并传承下来。

　　自然环境是不断变化的，而要适应不断变化的自然环境，生命体就需要不断地进化，而进化的本质就是遗传物质的变异。

　　作为生命的核心，遗传物质并不总是一成不变的，在内外环境的共同影响之下，遗传物质有时候会发生变异。遗传物质的变异没有方向，它们可能会使生命体变得更好，也可能会使生命体变得更糟，糟糕的变异削弱了生命体适应环境的能力，导致生命体死亡，这样的变异自然也无法被保留下来。

　　反之，优质的变异使得生命体获得了更好的适应环境的能力，于是这些生命体拥有了更强大的生存能力，它们的基因也因此得以传承。简单来说，进化的本质就是无方向的变异，而优质的变异又会通过自然选择的过程被保留下来。不过，生命的进化过程是极为漫长的。

太空植物起源于太空种子，太空植物并不是在太空生长的植物，而是把植物的种子带到太空，在太空高能粒子辐射、微重力、高真空等特殊环境条件下，使种子获得地球上罕见的遗传变异，再通过地面进行几代的优选和筛选，最终获得更优良的品种。

要促进一种生命形式的进化就需要给它施加一些外部的强刺激，而太空就是一个好地方。由于太空中并没有地球大气的保护，所以植物的种子会直接暴露在紫外线之下，还会被无处不在的太阳风所波及，而太阳风的本质就是一种高能带电粒子流。这些强大的辐射对于生命体而言是极其危险的，但同时它们也能够破坏 DNA 序列，从而加速生命体的遗传变异。

由于遗传物质的变异没有方向，因此并不是所有的太空植物都会变得更大、更高、更富有营养，它们中很多会变得干瘪、味道酸涩，甚至是产生毒素，而这些必然被我们所抛弃，我们会将少量的优良变异保留下来，于是诞生了更有科学研究价值而实际使用价值的太空植物。

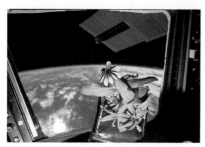
在太空中生存的植物

在太空中种植的太空蔬菜

国际空间站的向日葵幼苗

想象中的在火星基地生长的植物

第
1
章

→ 什么是临近空间

临近空间是指距地面 20 ～ 100 千米的空域，因其具有重要的开发应用价值而在国际上引起广泛关注。

临近空间包括大气平流层区域、大气中间层区域和小部分增温层区域，介于非电离层和电离层之间，其绝大部分成分为均质大气。

临近空间飞行器是指只在或能在临近空间做长期、持续飞行的飞行器或亚轨道飞行器或在临近空间飞行的巡航飞行器，它具有航空、航天飞行器所不具有的优势，特别是在通信保障、情报收集、电子压制、预警、民用等方面极具发展潜力。

高速临近空间飞行器是指飞行速度不小于 3 马赫的一类临近空间飞行器，它们具有快速响应、超强突防、灵活机动等特点，是一种兼备战略威慑和实战应用能力的新概念武器，对于威慑强敌、控制危机和打赢战争具有重要作用，是美、俄等军事大国竞相发展的利器。

目前，世界各国提出了多种临近空间飞行器发展方案，研究的热点集中在平流层飞艇、高空气球和高空长航时无人机上。其中，平流层飞艇是地球同步卫星以外的另一种重要的定点平台。临近空间飞行器具有显著的特点，可以作为卫星和其他空间飞行器的有效补充。

与卫星相比，临近空间飞行器的优点是：效费比高、机动性好、有效载荷技术难度小、易于更新和维护。此种飞行器到目标的距离一般只有低轨卫星的 1/20 ～ 1/10，可收到卫星无法监听到的低功率传输信号，容易实现高分辨率对地观测。临近空间飞行器的缺点是：视野范围有限，临近空间属各国领空范围，受领空限制。

在平流层飞行的 B-36 "和平缔造者" 轰炸机

横跨平流层和中间层的"奋进"号航天飞机

→ 着陆火星究竟有多难

人类对火星的探测始于 20 世纪 60 年代，由苏联和美国率先展开。几十年来，火星探测的成功率约为 50% 左右。苏联在 1960—1988 年开展了近 20 次探测任务，但没有一次取得完全成功。在 20 世纪 90 年代以后，火星探测的成功率才达到三分之二左右。

开展火星探测的难点主要体现在以下几个方面。

第一，距离遥远。火星距离地球最近约为 5500 万千米，最远距离则超过 4 亿千米，变化区间比较大。地火距离和相对运动规律对方案总体设计、可靠性设计、计划管理等提出了更高要求。目前，人类探测器飞往火星大约耗时 7 个月。此外，火星与地球并不处在同一轨道平面内，轨道设计难度可想而知。由于距离问题，地火之间信号传输的延迟达到 23 分钟，标准的火星着陆过程持续时间仅 7 分钟左右，这意味着降落的全过程必须依靠探测器自主完成。

第二，窗口难得。根据地火在太阳系的相对运动关系，约 26 个月出现一次从地球发射探测器到火星的机会，这就是所谓的"窗口期"，一旦错过就需要等待两年多。

第三，需要强力运载火箭。前往火星，不仅需要摆脱地球引力，还需要摆脱太阳的强大引力，这意味着更强力的运载火箭是探测火星的先决条件。

第四，着陆难度大。火星大气密度仅为地球的 1% 左右，可以利用火星稀薄的大气层对探测器进行减速，但过程中会产生高达 2000℃的热度。火星着陆器不仅需要隔热罩隔绝热量，还需要配备减速伞、降落伞进一步减速。但这些仍不足以让探测器减速到可实现软着陆的水平，还需要反推发动机进行减速，以实现悬停、避障、降落。

第五，着陆区域与时机的选择。火星表面沟壑纵横，沙砾遍布，这就对着陆点的选择和火星车的路径规划提出了更高的要求。由于长期风化，缺乏温室效应，导致火星不同区域气压差很大，进一步导致火星表面风力强劲，经常出现沙尘暴。

"海盗"号火星着陆器模型

火星北半球的耶泽罗撞击坑

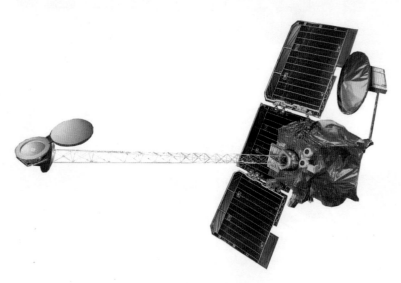

"2001 火星奥德赛"号火星探测卫星

→ 火星的南北极是什么样的

火星离太阳的距离比地球远，表面平均温度比地球低，约为零下60℃，两极的温度甚至更低，这使得火星两极主要由水冰和干冰组成的物质能够永久存在。

17 世纪末，荷兰天文学家惠更斯利用自己设计的精密望远镜，首次发现火星南北两极都拥有一个巨大的"白斑"，像是戴着白色的帽子。帽子在古代也称为"冠"，因此火星两极的"白斑"也被称为"极冠"。

早在 20 多年前，人类就已经利用哈勃望远镜观测到火星极冠的变化了。地球上有一年四季的变化，火星也一样，北极极冠在每年火星的夏天会蒸发掉约 1 米厚的干冰层，而火星南极的干冰层厚度约为 8 米，在一个夏季无法全部蒸发完毕。这就导致火星极冠每年都会发生变化，与地球南北极冰雪变化类似，夏天温度高的时候，冰雪融化，极冠范围就会缩小，而一到冬季，由于气温下降，大气中的二氧化碳开始凝华，极冠范围随之变大。

2018 年，意大利科学家奥罗塞团队根据"火星快车"号轨道器反馈的雷达数据，推测出火星南极极冠下面 1.5 千米处存在 20 千米宽的液态水体。2020 年 9 月 28 日，根据该轨道器上新的雷达数据，意大利行星科学家劳洛 (S.E. Lauro) 团队发现南极乌尔蒂马断崖群下面有 3 个液态水体，其中最大的水体长约 20 千米 ×30 千米。

除了地下层蕴含液态水体外，在火星北极地区大奥林匹亚·昂达沙丘场的南部，有个形态完好的陨石坑——科罗列夫陨石坑。该陨石坑底部位于其边缘下方 2 千米处，包围着一个约1.8 千米厚的圆顶状沉积物，该沉积物是水冰和干冰的混合物。冰上的空气在冷却后比周围的空气密度大，因此科罗列夫陨石坑内的"冰"永久稳定存在。由于空气是热量的不良导体，因此水冰层可以有效地避免被加热和升华。

火星的真实色彩影像

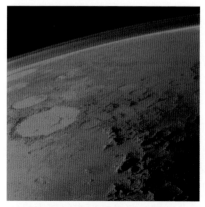

太空上见到的火星红色大气层　　　火星北极初夏的冰盖（拍摄自 1999 年）

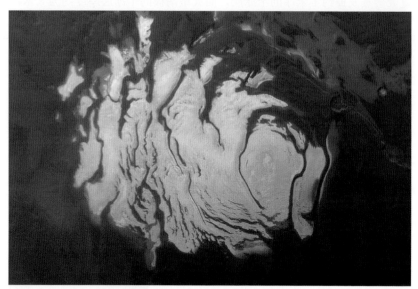

火星南极仲夏的冰盖（拍摄自 2000 年）

→ 火星为何忽明忽暗

　　古希腊著名天文学家喜帕恰斯提出了视星等的概念，用来标定天体亮度。经过数千年的发展和衍生，视星等逐渐成为一个区间为 [-38，36]

的评价体系：数字越大则越暗，数字越小则越亮。例如，从地球上看太阳亮度在 -26.7 左右，肉眼无法直视；但如果视星等比 +6 还大，就超出了肉眼从黑暗中辨别光亮的极限。

对行星而言，距离地球越近，其体积越大、太阳光照越强、表面反射越强，就越亮，视星等也越小。如果把五大行星在 21 世纪初的视星等绘制出来，它们的差异会非常明显。

水星距离太阳最近，但它也是太阳系内最小的行星，且距离地球并不近，时常淹没在太阳的光辉中，亮度变化很大，只有早上和黄昏才偶尔可见；金星是平均轨道距离地球最近的行星，体积和质量与地球相当，靠近太阳，也是看起来最亮的行星，白天肉眼都能看到；木星和土星距离地球很远，但它们体积巨大，分别是地球的 1300 倍和 700 倍，总体上能在夜晚用肉眼稳定看见。

而地球另一个邻居——火星，其体积约为地球的 15%，接收到的太阳光强度较弱，距离地球在 0.6 亿～ 4 亿千米不等，导致它的视星等变化极大，在 [-2.9, 1.8] 之间。火星有时比木星都亮，有时却比最远的土星以及最小的水星都要暗。

火星通常通常呈现橙红色，随着研究的深入，科学家才逐渐揭开火星表面呈现红色的神秘面纱——发红的氧化铁。

铁元素在古老的火星发生活跃的地质活动时被带到火星表面，在漫长时间里与氧原子发生化学反应并保持稳定。随后火星逐渐陷入沉寂，失去了稳定的元素循环过程，它们也滞留在了火星表面。

火星依然保有稀薄的大气，平均密度和气压不足地球海平面附近的1%，近乎真空。尽管火星上二氧化碳占空气比重超过 95%，但温室效应依然可以忽略不计，这导致日照和黑暗区域依然会产生一定温差和气压差，风便由此产生。火星表面极度干燥，在长期的陨石冲击和风蚀影响下，沙土变得极为细密，在狂风甚至动辄席卷全球的风暴作用下，红色沙尘遍布火星全球，看起来如同"火球"一般。

这种风沙甚至成了不少火星探测任务的噩梦，不过庆幸的是，人类在 20 世纪迈入航天时代后向宇宙中发射了很多探测器，它们将帮助人类逐个解开未知的奥秘。

地球与火星的对比图

火星探测器拍摄的火星景象

火星上的水和大气是如何消失的

　　火星与地球一样处于太阳系中的宜居带内，作为距离地球较近的星球之一，由于其独特的地形地貌，以及与地球类似的某些物理特性，故而引起了人类对火星探测的浓厚兴趣，火星多年来也一直被科学家们视为人类移民的首选星球。要想了解人类在火星上是否可以生存，就要了解火星的环境，而其中，水和大气是最为重要的两大要素。

大约在40亿年前，地球的近邻——火星，曾经历了温暖湿润的时期，那时，火星有较厚的大气层，表面也有河水流淌，一些科学家认为，这种环境使得早期火星成为非常特别的星球，也证明它曾是一颗有机会孕育出生命的行星。

为了探测火星上与水和生命有关的信息，至今人类已经发射了约50颗火星探测器。从这些探测器传回的图片我们可以看到，现在的火星表面保留了河床、三角洲、峡谷以及湖盆等可能由地表水活动形成的地貌，说明火星在远古时期有大量地表水存在，且其对火星地形的塑造起了重要作用。

关于火星表面水的消失过程，科学界有两种观点：一是认为火星表面的水以沉积岩的形式存在于火星地表以下；另一种观点认为，由于缺少全球性偶极磁场的保护，强烈的太阳风和辐射逐渐剥夺了火星的大气，水经过蒸发和电离、变成带电粒子，并沿着火星磁力线逃逸出火星大气层。

"火星快车"号探测器上搭载的"火星先进地下和电离层探测雷达系统"对火星地表以下的环境开展了精细探测，发现在火星南极高原的冰盖下1.5千米深处存在直径为20千米的湖泊，这次发现表明火星表层深处可能存在更多稳定的液态水，即火星具备适合微生物等生命体生存的条件。

2011年，美国的"火星勘察"轨道器搭载的"高分辨率成像仪"拍摄到火星表面或亚表层存在季节性斜坡纹线。经光谱分析，季节性斜坡纹区域是由矿物溶于水后再沉淀富集而成，这个结果提供了现今火星上存在液态水的有力证据。

2013年11月，美国航天局发射了"火星大气与挥发物演化任务"探测器，它的使命是调查火星大气失踪之谜，并寻找火星上早期拥有的水源及二氧化碳消失的原因。入轨一年后，美国航天局披露了"火星大气与挥发物演化任务"火星探测器探测到的关于火星大气层稀薄的两大原因。

第一，磁层作用影响大气层。地球具有内禀磁场，太阳风与地球磁层相互作用形成磁层顶，可阻止太阳风和宇宙射线的进入，防止地球大气的逃逸，充当着地球的"保护伞"。但火星的磁场很弱，约为地球磁场强度的万分之一，太阳风可以直接抵达火星，"袭击"火星的大气层，美国航天局认为是太阳风"偷走"了火星的大气层。

第二，引力束缚影响大气层。引力的大小影响了分子的逃逸速度，火星的逃逸速度约为 5.03 千米 / 秒，加上太阳风的带电粒子撞击大气层中的分子，让分子具有更高的速度，使大量气体逃逸出火星大气层。

目前火星的大气层分为低层大气和高层大气，由二氧化碳、氮、氩、氧、一氧化碳等气体组成，其中主要成分为二氧化碳，体积占比为 95.32%，而氧气占比仅有 0.13%。火星大气逃逸主要发生在三个区域：一是太阳风吹到火星背面，占大气逃逸总量的 75%；二是极区上空，约占大气逃逸总量的 25%；三是绕火星的延展云层，仅占大气逃逸总量的很小部分。

火星磁场的消失，导致太阳风不光吹跑了火星的一些大气，部分水也跟着"丢了"。火星现在十分干旱，火星风与尘暴频繁，火星风的平均风速达 4.3 米 / 秒，在地形交界处的风速可高达 50 米 / 秒，且常常伴有强烈的尘暴，这也加速了火星大气的剧烈运动和逃逸。

火星探测器拍摄的盖尔陨石坑的史汀生砂岩地层

火星探测器拍摄的火星景象

→ 火星上具备生存环境吗

由于火星距离太阳比较远，所接收到的火星辐射能量只有地球的43%，因而火星地面平均温度大约比地球低 60℃ 左右，昼夜温差可达上百摄氏度。在火星赤道附近，最高温度可达 20℃ 左右。火星上也存在大气，约 95% 是二氧化碳，还有极少量的一氧化碳和水汽。

美国航天局的"好奇"号火星车发现更多证据，证明这颗红色星球一度有水存在。科学家表示"好奇"号碾过的一块火星岩裂开后暴露出内部的白色结构，说明火星存在含有水合矿物，在有水流经过处形成。

"好奇"号对盖尔陨石坑内的一个区域进行了勘察，这个区域被称为"黄刀湾"。科学家认为数十亿年前水曾经从这个陨石坑的边缘往下流淌，形成深度约 90 厘米的溪流。这些新发现是借助"好奇"号桅杆相机的红外成像能力以及一台可以向地面发射中子、用以探测氢的仪器得出的。近红外光之间的亮度差异能够证明水合矿物的存在。这些矿物在水的作用下发生变化。借助于桅杆相机，科学家在狭窄的纹理内发现了强度提高的水合作用信号，这些纹理穿过这一区域的很多岩石。不同于在周边岩层中发现的黏土矿物，这些明亮的纹理含有水合矿物。

美国航天局宣布，"好奇"号对一个岩石样本分析时发现了重要的化学元素，证明火星一度出现可支持生命存在的环境。在对一个古代河床的沉积岩中的岩石粉末样本进行分析时，"好奇"号探测到了硫、氮、磷和碳等关键化学元素。数据显示，"好奇"号当前勘探的黄刀湾可能是一个古代河系的尽头，或者是一个间歇湿润湖床，能够为微生物提供化学能量以及其他必要物质。

科研人员对"好奇"号火星车进行电力测试

"好奇"号火星车

→ 火星探测窗口为何每 26 个月才出现一次

地球处在太阳系较内侧位置，与太阳平均距离约为 1.5 亿千米，即 1 个标准天文单位的长度。火星距离太阳要远一些，与太阳平均距离大约是 2.3 亿千米。按照天文学家开普勒总结行星运动得到的三大定律：行星距离太阳越远，运动速度就会越慢，环绕一周的距离也会越长，最终环绕太阳的轨道周期越长。

对比而言，地球需要约 365 天环绕太阳一周，火星需要约 687 天。火星的公转轨道是偏心率为 0.09 的椭圆，地球公转轨道则接近正圆。这意味着地球和火星之间的距离在时刻发生变化，最远（在太阳的两侧）时可远至 4 亿千米，最近时也会超过 5000 万千米（在太阳的同侧）。

从地球的视角来看，每隔大约 780 天才能和火星最接近一次，这个时间又叫作会合周期，大约是 26 个月。从几何角度解释也容易理解：假设二者都是纯圆轨道，在 780 天内地球运行了 2 周 49 度角，火星运行了 1 周 49 度角。

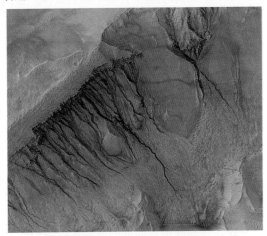

"火星全球勘测者"探测卫星所拍摄的火星照片

在实际飞行时，探测器需要在太阳系中完成一个大椭圆飞行轨道，又叫作霍曼转移轨道。火星和地球公转轨道形状不同，每次会合时二者的相对几何位置也不尽相同，探测的最佳发射窗口会因此变化。此外，火箭的发射窗口会由于总装调试进程、火箭状态和天气等原因推迟，因而人类也并不需要严格遵循 26 个月的间隔，这仅是理论值。

"水手" 4 号火星探测器进行测试

→ 为何月球土壤对人类如此重要

月球土壤是指月球上所特有的土壤。

首先，月球土壤中包含大量信息，如太阳系早期演化的历史记录；月岩和月壤的宇宙射线暴露与辐照历史；小天体和微陨石撞击月球的历史记录，从而推断出地球遭受撞击的历史。而这些信息，不过是月球土壤里的冰山一角。

其次，月球土壤中含有丰富的资源，根据现有资料可知，月壤里存在天然的铁、金、银、铅等矿物颗粒，以及含有金和锌的铜矿颗粒与含有少量锡和铜杂质的锑矿颗粒等矿物颗粒。其中最珍贵的，当属氦-3。氦-3产生于太阳的核聚变，每天有大量的氦-3随着太阳风在宇宙中到处飘荡，由于地球由于总有大气层，因此只有少量氦-3能够到达地球，因此地球上氦-3的存量只有500吨左右。而月球就不同了，由于月球上没有大气层，因此月球表面可能存在巨量的氦-3资源，可能达到100万到500万吨，是地球存量的几千到上万倍。

除此之外，研究者还在月球土壤中发现了辉钼矿，这也就说明月球上本来就存在辉钼矿，而不是以前认为的辉钼矿是由航天器结构材料及润滑油带到月球上的。俄罗斯研究人员首次在月球土壤中发现了由镉、锌、铁、锰和硫结合而成的硫镉矿，他们在月球土壤中还发现了含有铜杂质的硫化金和地球上所没有的碘化铷，但是他们在月球土壤中并没有发现之前提到过的铂和钯。

"阿波罗"17号在任务期间收集的月球土壤

"阿波罗" 17 号在任务期间拍摄的月球图像　美国航天员在月球表面留下的足印

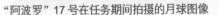

在月球背面着陆真的难于在月球正面着陆吗

　　由于潮汐锁定，月球的自转周期与公转周期相同，这使月球始终以同一面朝向地球。人们在地球上观测月球，天平动导致月面边沿地区可以被观测到。除此之外，月球背面的大部分区域是无法被观测到的。因此，对月球背面的观测只能依靠航天技术来实现。1965 年 7 月 18 日，苏联发射太空探测器 3 号。在发射后 33 小时，该探测器在距离月球9219 千米的高度处拍摄了月球表面并传回地面，由此获得了人类第一张月球背面的照片。由于当时没有先进的数码技术，因此所拍摄的照片不清晰，但这毕竟是人类第一次获得月球背面的照片。

　　与月球正面丰富的地形地貌（月海、山脉、环形山等）相比，月球背面的地貌略显单调，它几乎没有大的月海，而是布满了大大小小的环形山。有天文学家推测，这些环形山是月球在过去的数十亿年间遭受的陨石撞击所导致的，这一定程度上保护了地球的安全。

　　在长期驻留的科学考察站的选址过程中，其中一项非常重要的考虑因素就是该地区能为科考站提供能源。月夜长达 14 天，而且十分寒冷，在这样的条件下为科考站提供能源是一项难度极高的任务。目前被认为最合适的技术途径是采用核反应堆提供能源，但将核反应堆运送到月球也具有极大的难度和风险；而单纯采用"太阳能 + 蓄电池"的方法提供能源，难度同样不小。

在月球背面的两极区域中，有些地区处于永久光照区，有些地区处于永久阴影区。在永久光照区建立科学考察站，持续的太阳能可以提供充足的能源，科考站的热控设计也相对简单。在永久阴影区中，其存留的水冰可解决航天员的饮水问题，也可被用作登月舱往返所需的推进剂。

月球背面的陨石坑

地球与月球的对比图

→ 如何延长航天器的使用寿命

航天器和人一样，也是有寿命的，且寿命也会有长有短，因此为了使它们在太空的日子尽可能延长、状态尽可能保证最佳，就需要有人及时对它们的性能作出监视和评估。

航天器的维修检查就是判断航天器及其组成部分的状态，以便在航天器出现功能失灵时将其恢复到正常状态，并在系统故障后将安全风险和对任务的影响降到最小。

在航天器设计和研制阶段，要针对它们在轨运行时需要监测的所有状态，设计相应的数据采集点，布置用于实时数据采集的传感器。这样航天器在轨运行时，通过这些传感器可以获取监测点的温度、压力、电压、电流等原始数据，这些数据被实时发送到地面飞控计算机系统，同时部分关键数据被传送到航天器本身带有的计算机系统。

通过对这些数据处理分析，可以实现对航天器的状态监测、健康评估、故障诊断、故障预测、维修决策等管理行为，这就是航天器检修的完整流程。

科研人员将无形的通信链路和航天器连接起来，用数据来进行异常检测、状态评估、故障诊断、故障预测、影响分析、决策支持等。这项技术在提高航天器的安全性与可靠性，以及降低成本方面将会发挥重要作用。

目前，科学家还在不断研究提高航天器的智能化的技术。未来，航天器的检测管理会更自主、更高效，智能化的技术有望在空间站任务及更广泛的载人航天和深空探测任务中得到应用。

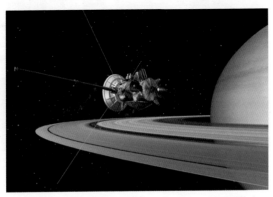

在太空中运行的"卡西尼—惠更斯"号探测器

"凤凰"号火星探测器着陆火星

在航天中心进行测试的"机遇"号火星漫游车

第2章
科技应用篇

　　20 世纪 50 年代中期，在火箭、电子、自动控制等科学技术有了显著进展的基础上，第一颗人造地球卫星发射成功，开创了人类航天新纪元，广阔无垠的宇宙空间开始成为人类活动的新疆域。

→ 概述

航空航天技术是 20 世纪人类在认识自然和改造自然的过程中最活跃、发展最迅速、对人类社会生活最有影响的科学技术领域之一，也是凸显一个国家科学技术先进性的重要标志。航空航天技术是高度综合的现代科学技术，综合运用了基础科学和应用科学的最新成就和工程技术的最新成果。

人类在征服大自然的漫长岁月中，早就产生了翱翔天空、遨游宇宙的愿望。在生产力和科学技术水平都很低下的时代，这种愿望只能停留在幻想的阶段。虽然人类很早就做过各种飞行的探索和尝试，但实现这一愿望还是从 18 世纪的热气球升空开始的。自从 20 世纪初第一架带动力的、可操纵的飞机完成了短暂的飞行之后，人类在大气层中飞行的古老梦想才真正成为现实。经过许多杰出人物的艰苦努力，航空科学技术得到迅速发展，飞机性能也在不断提高，人类逐渐取得了在大气层内活动的自由，也增强了飞出大气层的信心。

1961 年 4 月 12 日，尤里·加加林成为首个飞上太空的人，而在 1969 年 7 月 21 日，尼尔·阿姆斯特朗则成为首个登陆月球的人。从 20 世纪 60 年代开始，人们发现用复合材料制造的飞机比传统飞机更宁静、燃油效率更高，但更富进步性的是飞机仪器及飞控技术的改良，出现了 GPS、晶体管、通信卫星、电脑和 LED 显示器。这些科技使驾驶舱里的仪器得以减少，从而节省空间，对较小型的飞机有极大帮助；使飞行员除了能够准确地驾驶飞机外，还能够准确地观察地形和飞机周围的环境。1969 年，首款大量投入服务的"协和"式客机，它的首航飞行速度高达 2 马赫，比一般民航机快一倍，成为当时最快的空中交通工具之一。 2004 年 6 月 21 日，"太空船"1 号成为首架能飞上太空的私人飞机，

从月球上带回的岩石

为航空业界开拓出了一个新的市场。同时，飞机燃料也可由其他新能源取代，如电、乙醇、太阳能，这些新能源将被广泛运用于小型飞机上。

　　航空航天事业的发展是 20 世纪科学技术飞跃进步、社会生产突飞猛进的结果。航空航天的成果集中了科学技术的众多新成就。迄今为止的航空航天活动，虽然还只是人类离开地球这个摇篮的最初几步，但它的作用已远远超出科学技术领域，对政治、经济、军事以至人类社会生活都产生了广泛而深远的影响。

"协和"式客机

"阿波罗" 17 号任务中的太空飞行银色罗宾斯奖章

肯尼迪航天中心

→ 航天器是依靠什么来进行导航的

　　宇宙航行的环境与大海是极其相似的，在大海中航行可以借助导航卫星来准确辨识自己的方位，但航海并不是从导航卫星出现之后才开始的，早在现代科学诞生之前，人类就已经迈入了大航海时代。在广袤无垠的大海中，除了水还是水，航海家们通常是依靠六分仪来辨认方向的。

　　六分仪是一种用来测量两个远处目标夹角的光学仪器，通过测量一个已知的恒星（如太阳或北极星）与海平面的夹角，就可以迅速得知一艘船所处的纬度，然后通过计算便可以得知这艘船所处的经度，从而实现导航的目的。而在星际空间中，六分仪可以用于测量恒星与恒星之间的角度，或者恒星与航天器的相对位置，从而帮助确定航天器在太空中的位置和航向。时至今日，六分仪仍是载人航天活动中一种有效的辅助工具。

　　六分仪虽然古老，但却有着无可替代的优势，当飞船的惯性导航系统出现误差的时候，航天员可以通过六分仪来进行调整。

　　在人类的航天史上，六分仪还曾经发挥过力挽狂澜的作用，当时"阿波罗"13 号的氧气罐发生了爆炸,在断电之后,电脑设备无法正常工作,于是三名航天员使用六分仪作为唯一的导航工具回到了地球。

不过六分仪虽好,但毕竟需要人工操作。在没有航天员的情况下,就需要依靠地面深空站所组成的深空探测网来帮助航天器定位并实现导航。简单来讲,这些深空站可以接收来自航天器的信号,而接收到的信号会出现频率偏移以及有时间间隔,通过复杂的数据分析和计算,就可以准确确定航天器的位置,不过这只能对在太阳系内航行的航天器提供导航服务。

美国航天局的深空探测运作中心

海军军官使用六分仪进行导航

什么是航天器交会对接

航天器交会对接是指两个航天器(宇宙飞船、航天飞机等)在太空轨道上交会对接,在结构上连成一体的航天器的过程。关于航天器交会对接的控制方式,根据控制的主体不同,可分为手控、遥控和自主控制三种方式。手控是指航天员手动操纵飞船,遥控是指由地面操纵飞船,自主控制是由飞船的制导、导航和控制分系统来操纵飞船。

空间交会对接技术是实现空间站的天地往返运输的必备技术,是实现多模块空间站太空组装的必备技术,也是载人登月的必备技术,它是一国航天技术实力的有力证明。

1966 年 3 月 16 日,美国航天员乘坐"双子座"8 号飞船,手动操作交会过程,与无人"阿金纳"目标飞行器对接,实现了两个航天器之间的首次交会对接。1967 年 10 月 30 日,苏联飞船"宇宙"186 号与"宇宙"188 号完成了首次自动交会对接。空间交会对接是载人航天的三大基本技术之一，在很多空间活动中都会用到这项技术。例如，可以在近地轨道组装大型空间站，组装飞往月球、火星等地外天体的飞行器；可以为空间站运送航天员和物资，从而实现航天器在轨服务、应急救援等。

1995 年 6 月 29 日，美国航天飞机"亚特兰蒂斯"号顺利地与在太空运行的俄罗斯"和平"号空间站对接成功。这次对接与 20 年前美国和苏联飞船对接相比，规模大、时间长，而且合作的项目多。显然，这次成功的对接活动促进了国际空间站的建立，推动了航天技术的发展。

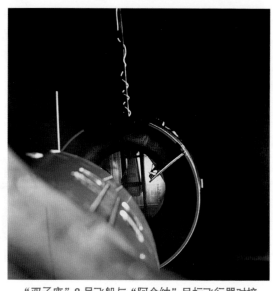

"双子座" 8 号飞船与"阿金纳"目标飞行器对接

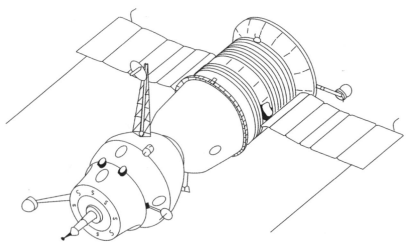

带有主动对接单元的"联盟" 7K-OK 飞船示意图

与国际空间站对接的"联盟"MS-01 号飞船

航天器如何进行空间交会对接

　　空间交会对接涉及两个飞行器，一个是目标飞行器，一个是追踪飞行器。目标飞行器首先发射升空，追踪飞行器作为主动飞行器去寻找目标飞行器进行交会对接。在交会对接过程中，追踪飞行器的飞行可以分为以下四个阶段。

　　（1）远程导引段：在地面测控的支持下，追踪飞行器经过若干次变轨机动，进入到追踪飞行器的敏感器感应范围内（一般距目标飞行器 15 ～ 100 千米）。

　　（2）近程导引段：追踪飞行器根据自身的微波和激光敏感器测得的与目标飞行器的相对运动参数，自动引导到目标飞行器附近的初始瞄准点（距目标飞行器 0.5 ～ 1 千米）。

　　（3）最终逼近段：追踪飞行器首先捕获目标飞行器的对接轴，当对接轴线不沿轨道飞行方向时，要求追踪飞行器在轨道平面外进行绕飞，以进入对接走廊，此时两个飞行器之间的距离约为 100 米，相对速度约为 1 ～ 3 米 / 秒。

（4）对接停靠段：追踪飞行器利用由摄像敏感器和接近敏感器组成的测量系统精确测量两个飞行器之间的距离、相对速度和姿态，同时启动小发动机进行机动，使之沿对接走廊向目标飞行器最后逼近。在对接前关闭发动机，以 0.15 ～ 0.18 米 / 秒的停靠速度与目标飞行器对接，最后利用异体同构周边式对接装置的抓手、缓冲器、传力机构和锁紧机构使两个飞行器在结构上实现硬连接，进而完成信息传输总线、电源线和流体管线的连接。

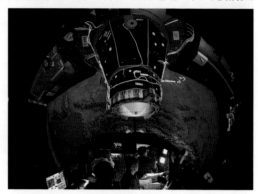

航天员在地面练习与国际空间站的交会和对接

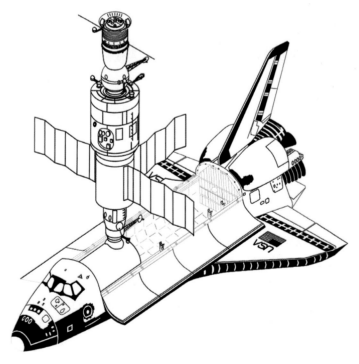

航天飞机与空间站对接示意图

→ 空间交会对接对发射时间有什么要求

空间交会对接是实现空间站、航天飞机、太空平台和空间运输系统的空间装配、回收、补给、维修、航天员交换及营救等在轨服务的先决条件。交会对接技术的另一个重大潜在应用领域是载人登月和深空探测任务。这些任务所需运载能力巨大,通过多次发射和交会对接技术在近地轨道上完成飞行器的组装,是降低对单发运载火箭能力需求的有效途径,特别是对于诸如火星及其以远的载人任务而言,这可能是在目前技术水平上可工程实现的最佳途径。

在航天器交会对接飞行试验中,追踪飞行器与目标飞行器发射时间的选择不是独立的,而是相互关联的,并且涉及多方面因素,如轨道共面要求、对太阳能电池板的日照角度限制以及最终目标飞船的照明需求等。

在空间交会对接飞行试验过程中,轨道共面与太阳日照要求是选择与确定发射时间的主要因素。通常追踪飞行器每天都有一次降段(是指从北半球飞往南半球)入轨或升段(是指从南半球飞往北半球)入轨以与目标飞行器轨道共面的发射机会,通过目标飞行器发射时间的选择与两交会飞行器发射时间间隔的确定,在追踪飞行器共面发射时,太阳已位于能够满足飞行器交会飞行时追踪飞行器日照要求的方位。因此,轨道共面便成为在发射日确定发射时刻的主要条件之一。在目标飞行器发射后,须根据目标飞行器轨道测定数据,精确测算出追踪飞行器的发射时刻,其发射窗口近似于"零窗口"。

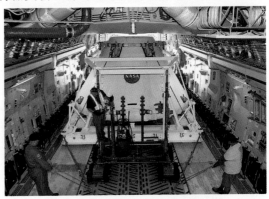

科研人员对"猎户座"飞船进行测试

"亚特兰蒂斯"号航天飞机与"和平"号空间站对接

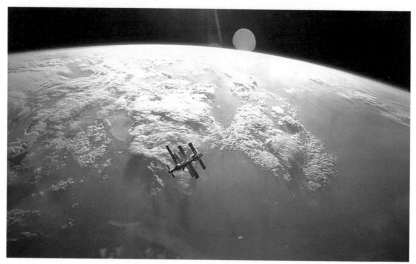

"亚特兰蒂斯"号航天飞机驶离"和平"号空间站

→ 航天器遥测系统的主要任务有哪些

第2章

当航天器在太空运行时，地面人员不但要跟踪它，了解它的位置，而且还需要知道它工作的情况是否正常，有没有出现故障，如果有故障，要清楚是哪个系统的什么部位的什么仪器有问题，以便采取相应的措施。这时，测控系统中的遥测部分便派上了用场。

遥测即在航天器及火箭上安装传感器、仪器，从而获取其内部的工作状态、工作参数，如航天员的生物医学参数、科学研究参数、环境参数等描述飞船工作情况的信息，然后将这些参数转换为无线电信号，远距离传送给地面测控站的接收设备，经过解调、处理还原出原始参数数据，并进行记录和显示、分析，就像医生用仪器对病人进行检查，通过取得的数据来确定病情一样。遥测对火箭、航天器的发射和正常运行有着举足轻重的作用。在运载火箭飞行过程中，根据遥测数据，发射场指挥人员和运载火箭设计人员可及时了解火箭上各系统的工作情况和实际飞行条件下各系统的工作性能。对于地面试验无法模拟或无法全部模拟的性能数据，可从飞行试验的遥测数据中得到补充和修正。一旦火箭飞行失败或出现局部故障，采用遥测数据对故障进行分析，能够快速、准确地实现故障隔离和故障诊断，以便采取相应措施。在飞船发射和入轨后的运行中，利用遥测系统监视飞船上设备的工作状况以及利用遥测参数计算出飞船的姿态，能够为遥控调整姿态提供参考数据。载人航天时，还可以利用遥测系统监测航天员的生理参数、生活环境参数等，以保障航天员的生命安全。

"阿波罗" 15 号飞船的科学仪器舱

对欧洲环境卫星进行检测

→ 地面如何确定航天器的位置

　　在航天器进入太空后，每天需要不间断地确认其与地面之间的距离，这是为了让地面控制中心更准确地掌握航天器的位置。因此，在地球表面的控制中心会不停地向航天器发送信号（信号以光速传播），当航天器收到后，同样也会进行回复。通过测量信号进行双向传递所需的时间，结合距离计算公式——速度乘以时间，从而计算出航天器的飞行轨迹、所处位置及前进方向。不过航天器与地面控制中心之间的双向传递时间不是我们日常使用的时钟能够精准测量的。

依照太空航行标准，用来计时的时钟必须具有非常好的稳定性，这个稳定性指的是时钟可以在一定时间内持续、准确测量一个时间单位。航天计时使用的是现今地球上最精准的时钟——原子钟。

自 20 世纪 50 年代以来，原子钟一直是计时的金标准，包括地面原子钟和空间原子钟。虽然利用原子钟可以得到信号双向传递所需的精准时间，但目前有个问题很尴尬：这种双向传递信号的方式也就意味着航天器无论离开了地球多远，它都必须等待携带地球指令的信号越过无垠宇宙之间的超远距离传达过来后，再进行下一步行动。早在"好奇"号航天器着陆火星之前，就发生过这样的情况，身处地球的控制中心发出的"确认着陆"信号经过了 14 分钟，才被"好奇"号接收到。这种延迟属于平均等待时间，这里依据的是地球和火星在太阳轨道上的位置。这个问题对于未来载人航天器登陆其他行星也会有比较大的影响。

因此美国航天局试验了一种方法：将原子钟直接装在航天器上，称为深空原子钟。这时候航天器只需要接收来自地面控制中心发来的信号，其上的原子钟就能准确、及时地给出信号传达所花费的时间。然后，航天器上的航天员就可以计算出自己的位置和轨迹，并确定在太空中的方向。实际上，在航天器上安装原子钟并不罕见，现在的导航卫星上都装备了原子钟。

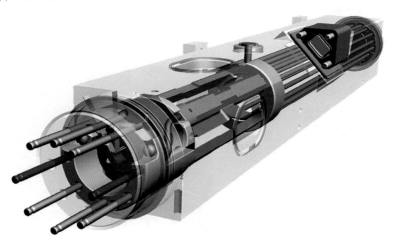

小型化深空原子钟

"阿波罗"15号任务期间的地面控制中心

地面控制中心对航天器进行监测

→ 地面是如何估算飞船轨道的

确定飞船轨道意味着估算飞船沿特定轨道飞行的参数，即六个轨道要素。轨道要素一旦估算完成，我们便能确定飞船当前的位置和速度。借助轨道预报技术，我们甚至能够预测飞船在未来任意时刻的位置和速度。当然，由于多种因素会影响飞船的运行轨道，要实现对飞船轨道的精确预报，除了需要计算飞船的轨道要素外，还必须考虑并估算其他诸多影响轨道的参数。

那么，地面是如何估算飞船轨道的呢？

首先通过地面测控站测量飞船相对于地面测控站的距离、距离变化率和角度等测量信息。仅有这些测量信息还无法直接确定飞船的轨道，但我们可以对飞船的受力情况进行较为准确的建模，如建立高阶的地球引力场模型、大气模型、太阳光压模型和第三体引力模型等。据此，给定一个飞船的初始状态后，就可以较为准确地计算出相应的飞船轨道。

当飞船轨道对应的理论量与实际观测量出现偏差时，可以根据这个偏差修正飞船初始状态，直到偏差足够小为止，这就是轨道确定的过程。完成轨道确定后，根据飞船动力学模型进一步计算未来时刻飞船的位置和速度，就是轨道预报。

美国地面控制中心的计算机

"双子座" 1 号飞船由 "大力神" 2 号火箭搭载升空

空间望远镜有什么作用

空间望远镜（太空望远镜）是用于在外太空观测天体的望远镜。因为地球的大气层对许多波段的天文观测影响甚大，天文学家便设想若能将望远镜移到太空中，便可以不受大气层的干扰而得到更精确的天文资料。目前已有不少空间望远镜在太空中运行，如观测可见光波段的哈勃空间望远镜，观测 X 光波段的钱德拉空间望远镜，观察 γ 射线波段的康普顿 γ 射线天文台（已于 2000 年退役）以及观测暗物质的暗物质粒子探测卫星等。

在地球上的地面天文台进行天文学研究时，会受到大气层对电磁辐射的过滤和扭曲（闪烁）影响。在大气层外围绕地球运行的望远镜，既不会受到大气层的闪烁影响，也不会受到地球上人工光源的光污染影响。因此，空间望远镜的角分辨率通常比具有类似孔径的地面望远镜高得多。许多较大的地面望远镜也因此而运用自适应光学技术以降低大气效应带来的影响。

外太空天文学对于在光和无线电波频率范围外的研究更为重要，因为只有光和无线电波频率的电磁信号才不会被大气层所隔断。

空间望远镜的建造成本比地面望远镜高得多。同时由于它们远在深空中，所以也极难维护。哈勃空间望远镜是由航天飞机提供维护服务的，但大多数空间望远镜根本无法获得这种服务。

在太空中运行的哈勃望远镜

科研人员对哈勃望远镜的主镜进行抛光

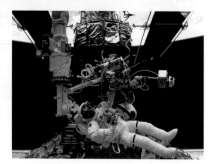

航天员对哈勃望远镜进行维修

→ 科学家是如何发现行星的

开普勒太空望远镜利用一种叫作"凌日"的天文现象搜寻太阳系外的类地行星。所谓"凌日"，就是当太阳系外的行星运行到恒星与地球之间时，因为行星对恒星有所遮挡，所以从地球上看，恒星亮度会减弱。而恒星亮度下降的程度与恒星及行星的大小有关，因此，使用"凌日"法，可估测出行星直径。

在开普勒太空望远镜发射之前，要发现地外行星，最直接的方法是检测来自行星本身的反射光或红外辐射。与反射光相比，红外辐射更能揭示生命存在的痕迹。就地球而言，其大气层同时拥有氧气、二氧化碳和水蒸气，这使得地球大气的红外光谱明显不同于金星和火星大气的光谱（这两颗行星大气层中同样含有二氧化碳，并一度被认为是适宜生命生存的行星）。

但观测来自地外行星的可见光和红外线有着显著的困难。行星的微弱光芒常被恒星的光辉淹没。如果要监测 30 光年外类地行星的红外光谱，就需要发射一个直径近 60 米的空间望远镜（哈勃空间望远镜的直径为 2.4 米，成本已达 15 亿美元），这是不切实际的。

幸好一种新技术使天文学家摆脱了这种困境，天文学家可以利用光学干涉的方法来分析地外行星的质量大小及大气成分，来自恒星的光就会被抵消，而其周围的行星光谱将因不能精确密合而凸显出来。整个系统可以由 2 个或 4 个排成线形或菱形的 1 米长的光学镜构成。目前，欧洲天文台的地基望远镜 90% 的时间都在用这种方法寻找类似于太阳的恒星。但这种寻星方法只能估计地外行星的质量，无法知道它的大小是否与地球相仿，而"凌日"法可估计行星直径，这也是美国航天局发射开普勒太空望远镜的初衷。

在太空中运行的开普勒太空望远镜

开普勒太空望远镜模型

开普勒太空望远镜的图像传感器阵列

→ 通信卫星的轨道有几种类型

随着时代发展，太空资源开发成为人类探索的新领域。人造卫星的数量逐年增加。卫星只要获得第一宇宙速度后，不需要再加动力就可以环绕地球飞行，而每颗卫星都有自己的特定轨道，为了避免卫星在太空中相撞，要对卫星轨道进行管理和划分。

通信卫星作为无线电通信卫星的中继站，它像一个国际信使，收集来自地面的各种信号，然后再传递给另一个地方的用户。由于它处在36000千米的高空，所以它的传递覆盖面特别大，一颗卫星就可以负责地球表面1/3的通信。一般来说，通信卫星的轨道通常有三种基本类型，但为了进一步确定轨道的细节，还需要借助其他的轨道分类方法，具体如下。

地球静止轨道：距离地球表面35786千米。地球静止轨道有一个特点，当观测者从地面观察该轨道上的卫星时，卫星的视位置不会发生变化，看上去像是在天空中固定不动的，这是因为静止轨道卫星的轨道周期和地球自转周期正好一致。该轨道的优点是，地面站的天线可以固定地朝向卫星所在的位置，而不必靠转动天线来跟踪卫星。

中地球轨道：距离地球表面较近，轨道高度为2000～35786千米。

低地球轨道：低于中地球轨道，距地球表面大约160～2000千米。

中轨道卫星和低轨道卫星绕地球的速度比地球自转更快，因此从地面上来看，它们并不是像静止轨道卫星那样在天空中固定不动，而是会划过天空并在天际"落"下去。如果使用低轨道卫星来提供持续的通信，那就需要大量的卫星，这样才能保证任何时候都至少有一颗卫星在太空中传递通信信号。但是低轨通信卫星也有其优点，即这些卫星距离地面更近，它们与地球的通信信号也更强一些。

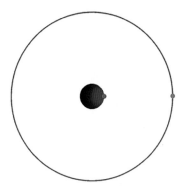

地球静止轨道示意图

卫星天线从太空中寻找信号

低地球轨道

→ 全球定位系统的组成部分有哪些

全球定位系统（Global Positioning System，GPS），又称全球卫星定位系统，是由美国国防部研制、美国太空军运营与维护的中距离圆形轨道卫星导航系统。它可以为地球表面绝大部分地区（98%）提供准确的定位、测速和高精度的标准时间。全球定位系统可满足位于全球地面任何一处或近地空间的军事用户连续且精确地确定位置、运动和时间的需求。

全球定位系统主要由空间星座部分、地面监控部分和用户设备部分组成。

GPS 空间星座部分是由洛克菲尔国际公司空间部研制的，其中一颗卫星重量可达 774 千克，使用寿命为 7 年。卫星采用蜂窝结构，主体呈柱形，直径为 1.5 米。卫星两侧装有两块双叶对日定向太阳能电池帆板。对日定向系统控制两翼电池帆板旋转，使板面始终对准太阳，为卫星不断提供电力，以保证卫星在地球阴影部分仍能正常工作。在星体底部装有 12 个单元的多波束定向天线，能发射张角大约为 30 度的两个 L 波段的信号。在星体的两端面上装有全向遥测遥控天线，用于与地面监控网的通信。此外，卫星还装有姿态控制系统和轨道控制系统，以便使卫星保持在适当的高度和角度，精准朝向卫星的可见地面。

地面监控部分主要由 1 个主控站、12 个地面天线站和 16 个监测站组成。主控站位于美国科罗拉多州的谢里佛尔空军基地，是整个地面监控系统的管理中心和技术中心。另外还有一个位于马里兰州盖茨堡的备用主控站，在发生紧急情况时启用。注入站目前有 4 个，分别位于南太平洋马绍尔群岛的瓜加林环礁、大西洋上的英国属地阿森松岛、英属印度洋领地的迪戈加西亚岛和美国本土科罗拉多州的科罗拉多斯普林斯。注入站的作用是把主控站计算得到的卫星星历、导航电文等信息传递到相应的卫星。注入站同时也是监测站，另外还有位于夏威夷和卡纳维拉尔角的 2 处监测站，故监测站目前有 6 个。监测站的主要作用是采集 GPS 卫星数据和当地的环境数据，然后发送给主控站。

用户设备部分主要为 GPS 接收机，主要作用是接收 GPS 卫星信号并利用传来的信息计算用户的三维位置及时间。

航天中心的 GPS 卫星操作员

应用于航海中的民用 GPS 接收器

GPS 卫星在地球轨道运行概念图

→ 行星际航行有哪些推进方式

　　行星际航行是指在行星系内的行星之间旅行。事实上，此类的太空航行局限于太阳系内的行星之间。载人飞行的行星际航行必须维持生命保障系统，成本非常高昂；而重量较轻的太空探测器则是太阳系内行星际航行的主力。

在太阳系中，由于飞往内行星的飞行器的轨道方向是朝向太阳的，所以其可以获得加速度；而飞往外行星的飞行器由于是背向太阳飞行的，故其速度会逐渐降低。

虽然内行星的轨道运行速度要比地球的快得多，但是飞往内行星的飞行器由于受到太阳引力作用而获得加速度，其最终速度仍远高于目标行星的轨道运行速度。如果飞行器只是计划飞掠内行星，就没有必要为飞行器降速。但是如果飞行器需要进入环内行星的轨道，那么就必须通过某种机制为飞行器降速。

同样的道理，虽然外行星的轨道运行速度要低于地球，但是前往外行星的飞行器在受到太阳引力作用而逐渐减速之后，其最终速度将仍低于外行星的轨道运行速度。所以也必须通过某种机制为飞行器加速。同时，为飞行器加速还能够减少飞行所耗时间。

使用火箭助推是给飞行器加速的重要方法之一。但是火箭助推需要燃料，燃料具有重量，而即使是增加少量的负载也必须考虑使用更大的火箭发动机将飞行器发射出地球。因为火箭发动机的抬升效果不仅要考虑所增加负载的重量，还必须考虑助推这部分增加的负载重量所需的燃料重量。故而火箭的抬升功率必须随着负载重量的增加而呈指数增加。

而使用重力助推法，使飞行器无需携带额外的燃料就可实现速度和方向的改变。此外，条件适宜的情况下，大气制动也可用来实现飞行器的减速，大气制动是指太空船利用目标星球的大气层来减速。如果可能，两种方法可以结合起来使用，以最大程度地节省燃料。例如，在"信使"号计划中，科学家们使用了重力助推法为这艘前往水星的飞行器进行减速，不过由于水星基本上不存在大气，所以无法使用大气制动来为飞行器减速。

飞往火星和金星的飞行器一般采用霍曼转移轨道法，霍曼转移轨道呈椭圆形，其开始一端与地球相切，末尾一端与目标行星相切。该方法所消耗的燃料得到了一定的缩减，但是速度较慢——使用该方法的飞行器从地球达到火星需要 1 年多的时间。

太阳帆使用巨大的薄膜镜片，以太阳的辐射压作为太空船推进力。

辐射压不仅非常小，而且与太阳距离日地距离的平方成反比，但不同于火箭的是，太阳帆不需要燃料。这种方法推进力虽然很小，但是只要太阳不断照耀着，太阳帆就能持续运作。

电力推进系统使用外部电源，如核反应堆或太阳能电池来发电，可加快化学惰性推进剂的速度，超越化学火箭的性能。电力推进驱动器会产生微弱的推力，因此不适合快速机动探测或从行星的表面发射，但是电力推进可以保持数天或数周的连续发射。

空间电梯的概念最初出现在 1895 年，由康斯坦丁·齐奥尔科夫斯基提出。近年来纳米技术取得了突破性进展，建造一部现实的空间电梯已经成为可能，预计其建造成本约 100 亿美元，远少于国际空间站或航天飞机计划的投资。

离子发动机原理是先将气体电离，然后利用电场力将带电的离子加速后喷出，以其反作用力推动火箭。这是目前已实用化的火箭技术中，最为经济的一种，因为只要调整电场强度，就可以调整推力，由于比冲远大于现有的其他推进技术，因此只需要少量的推进剂就可以达到很高的最终速度，而既然太空船本身不需要携带太多燃料，那么总重量大幅减少后就可以使用更为经济的运载火箭，节省下来的燃料更为可观。

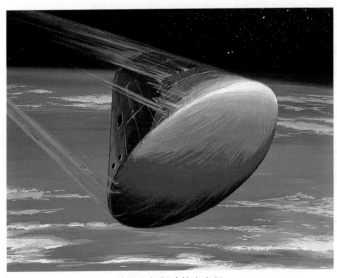

使用大气制动的太空船

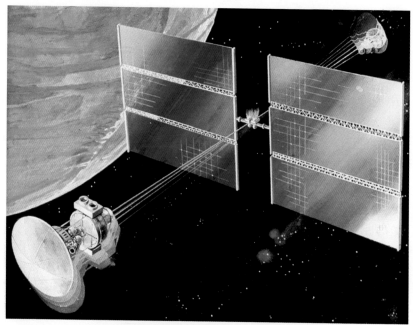

宇宙飞船通过旋转提供人造重力

→ 太阳能帆板和太阳帆有什么不同

太阳能电池帆板（有时也简称为太阳能帆板）是航天器上的一种能源装置，而太阳帆是一种航天器。卫星等航天器上的能源主要有电池、核发电和太阳能三种。

太阳能是航天器上广泛应用的能源。航天器上的仪器设备，多数是靠电来维持工作的。太阳能电池帆板就是将太阳的光能转换成电能的装置。它的面积很大，像翅膀一样在航天器的两边展开，所以又称为太阳翼。其上贴有半导体硅片或砷化镓片，就是靠它们将太阳光的光能转换成电能的。所以，太阳能电池帆板实际上就是太阳能电池阵。早期航天器上的太阳能电池阵是设置在航天器的外表面上的，后来由于航天器用电量需求的增加，才发展为巨大的帆板，而且这种帆板的面积正在不断增大。

第 2 章

太阳帆是利用太阳光的光压进行宇宙航行的一种航天器。太阳帆以太阳光为动力，即使现在我们能做出十分轻薄的光帆，但它的加速还是非常慢。太阳帆的真正优势在于，光压是一直存在的，它不像化学火箭发动机那样消耗自身携带的燃料，工作时间短且费用高昂，光帆是可以持续加速的，能够在经济实惠的前提下达到前所未有的速度。

太阳帆具有廉价灵活和速度快等独特优势，它在行星探测领域中将大有可为。太阳帆不仅可以用于火星运输的任务，还特别适合于深空探索任务。如先用火箭把太阳帆送入低轨道，然后凭借太阳光压的加速，它可以从低轨道升到高轨道，甚至加速到第二、第三宇宙速度，飞离地球或太阳系。如果太阳帆帆面直径为 300 米，可把质量为 0.5 吨的航天器在 200 多天内送到火星；如果帆面直径大到 2000 米，则可使质量为 5 吨的航天器送到太阳系以外。

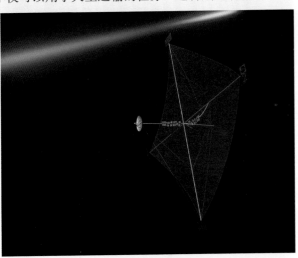

太阳帆的构想图

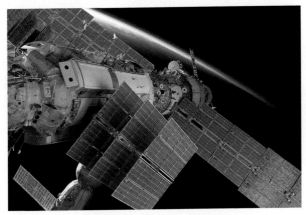

国际空间站配备的太阳能帆板

折叠的太阳能帆板

第 3 章
航天发射篇

　　航天发射体现了一个国家高尖端科学技术的领先性，也体现了一个国家的科学研发和科学创新能力，同时也是国家综合国力的根本体现。航天发射器主要作为运输工具，把卫星、载人飞船、空间站、空间探测器等航天器从地球送到预定轨道。

→ 概述

　　航天器发射是按照选择的发射窗口和规定的发射程序，在发射指挥控制中心的指挥、控制下，使用航天运载器将航天器运送到预定轨道的过程。航天器发射必须在运载器、航天器的综合技术准备、发射准备、航天测控系统和各种技术保障准备满足发射条件之后实施。

　　航天器的发射一般借助运载火箭进行发射。通常情况下，运载火箭将人造地球卫星、载人飞船、空间站、空间探测器等有效载荷送入预定轨道。任务完成后，运载火箭则被抛弃。

　　自 1957 年苏联首次利用运载火箭发射第一颗人造卫星，至 20 世纪80 年代，世界各国已研制成功 20 多种大、中、小型运载火箭。

　　运载火箭不像导弹那样要定型和批量生产。而是每发射一枚都可能引进一些新技术，做一点小改进，这种小改进不影响可靠性，也不必进行专门的飞行试验。这些小改进积累起来就有可能导致大的方案性变化，使运载能力得到成倍的增长。

　　自 20 世纪 80 年代以来，一次性使用的运载火箭开始面临与航天飞机的竞争。这两种运载工具各有特长，在今后一段时间内都将获得发展。航天飞机是按照运送重型航天器进入低轨道的要求设计的，有利于运送低轨道航天器。对于同步轨道航天器，航天飞机还要携带一枚一次性使用的运载器，用以把航天器从低轨道发射出去，使之进入过渡轨道。但这样有可能导致入轨精度和发射可靠性的下降。

　　一次性使用的运载火箭在发射同步轨道卫星时可以一次送入过渡轨道，比航天飞机更为有利。这两种运载工具之间的竞争将促进航天可靠性的提高和成本的降低。

　　航天飞机是人货混合运输，兼有火箭和飞机的部分特征，因而其系统异常复杂，而越是复杂的系统其可靠性越难以保证。同时，航天飞机成本高昂，使其在货运领域竞争力略显不足。尽管美国拥有航天飞机技术，但也宣布终止航天飞机飞行任务，其他国家多采用或准备研制运载火箭进行载人航行，在可预见的若干年内，航天飞机在"客运"领域难有作为。尽管航天飞机已不再使用，但其作为航天领域乃至整个工业的智慧结晶，对于人类的科技发展起到了一定的推动作用。

准备发射的"安加拉"号火箭

"质子"—M 号火箭进行发射前检查

在海上运输的"企业"号航天飞机

"挑战者"号航天飞机准备发射

→ 火箭是如何分类的

火箭是一种由火箭发动机驱动的飞行器，由轻质且坚固的金属材料制成。现代火箭可用作快速远距离运送工具，如作为探空、发射人造卫星、载人飞船、空间站的运载工具，以及其他飞行器的助推器等。此外，火箭也可用于投送作战用的战斗部（弹头），构成火箭武器。一般情况下，火箭有以下几种分类方法：

按级数来分，可分为单级火箭、多级火箭两种类型。由于单级火箭在实际应用上很难实现宇宙飞行所必需的宇宙速度，因此需要采用多级火箭来解决这一问题。多级火箭的一子级在发射点火后就开始工作，工作结束后与整个火箭分离，再由二子级继续将有效载荷推向太空，依此类推，直至把有效载荷送入预定轨道。多级火箭一般由 2 ～ 4 级组成，有串联、并联和串 - 并联三种连接方式。

按动力能源可分为化学能火箭、电能火箭、核能火箭、太阳能火箭及光子火箭等。目前最常用的是化学能火箭，它又分为液体推进剂火箭、固体推进剂火箭和固 - 液混合推进剂火箭。作为新能源火箭的代表，核能火箭的优点是能够提供更好的比冲值，能以更高的速度飞行，提高载荷能力，而推进剂只有一种，火箭结构更简单，适合执行长时间任务或星际任务。

按用途可分为探空火箭和运载火箭。探空火箭指在近太空进行探测、科学试验的火箭，一般不设控制系统，是 30 ～ 200 千米高空的有效探测工具。探空火箭还可按研究对象或用途分为地球物理火箭、气象火箭、生物火箭、技术试验火箭和防雹火箭等。运载火箭又分为卫星运载火箭和载人运载火箭。

按控制形式分为有控火箭和无控火箭。

按运载能力分为小型火箭、中型火箭、大型火箭和重型火箭。

按轨道分为近地轨道火箭、太阳同步轨道火箭、地球同步轨道火箭及月球轨道火箭等。

按可否重复使用分为一次性使用火箭、部分重复使用火箭和完全重复使用火箭等。

固体燃料火箭的简化图

运输中的"起飞"号火箭

"呼啸"号火箭正在发射

→ 火箭如何加油

火箭发动机点火以后，推进剂（液体的或固体的燃料和氧化剂）在发动机燃烧室内燃烧，产生大量高压气体；高压气体从发动机喷管高速喷出，对火箭产生反作用力，使火箭沿着气体喷射的反方向前进。

为了产生足够的反作用力，火箭的推进剂至关重要，目前最常用的化学能火箭，可以分为液体推进剂火箭、固体推进剂火箭和固－液混合推进剂火箭。

推进剂加注是液体运载火箭发射组织过程的重要操作，其目的是将地面贮存的推进剂按需求输送至运载火箭贮箱中。相对于常温推进剂，低温推进剂具有超低温、易相变等特点，加注过程更为复杂。

低温推进剂的加注方法主要分为挤压式加注和泵压式加注两种。前者常用于密度较小的推进剂（如液氢），后者常用于密度较大的推进剂（如液氧）。低温推进剂易相变消耗，因此往往将推进剂加注操作置于火箭发射日，且尽量临近发射时刻；另外，推进剂温度波动会引起物性参数变化，从而对火箭发动机的性能产生影响。

为了确保运载火箭性能，加注过程往往会对推进剂温度提出较强的约束性要求。然而，贮箱内推进剂温度实际又受到加注过程及停放时间的显著影响。因此，确定低温推进剂加注策略是低温液体运载火箭发射流程组织过程中最重要的环节之一。鉴于低温推进剂的特性和系统实际需要，目前国内外运载火箭在低温推进剂的加注过程上普遍按照典型的4个阶段实施，具体如下。

(1) 小流量加注阶段。该阶段实现对箭上贮箱系统的预冷，避免贮箱处于热状态下的急冷，同时防止贮箱超压。

(2) 大流量加注阶段。贮箱预冷至一定程度后，为减少加注时间而提高加注流量。

(3) 减速加注阶段。加注至一定液位后为了确保推进剂的加注精度，而降低加注速度。

(4) 停放补加阶段。应补充停放期间蒸发消耗的推进剂，以满足飞行需要。

正在进行点火测试的 RS-68 液态火箭发动机

"联盟"号运载火箭的助推级

火箭如何产生宇宙速度

火箭是指用火箭发动机向后喷射高温高压燃气产生反作用力，以获得前进动力，向前运动的飞行器。运载火箭是其中的一种，还有军用火箭和导弹，以及气象火箭、地球物理火箭和生物火箭等民用火箭。

所谓火箭发动机，是指自带推进剂（燃料和氧化剂），其工作不依赖外界空气的喷气发动机。其他喷气发动机，如飞机上使用的空气喷气发动机，只携带燃料，燃料燃烧所需的氧要从大气中获取，因而只能在大气层中工作。由于火箭既携带了燃料，又携带了氧化剂，所以火箭发动机在真空的太空中也能工作。

理论研究和迄今的实践都证明，火箭飞行速度取决于火箭发动机的喷气速度和火箭的质量比。发动机的喷气速度越高，火箭飞行的速度就越高；火箭的质量比越大，火箭飞行的速度也就越高。

火箭的质量比是火箭起飞时的质量（包括推进剂在内的质量）与发动机关机（熄火）时刻的火箭质量（火箭的结构质量，即净重）之比。质量比越大，就意味着火箭的结构质量越小，所携带的推进剂也就越多。

火箭发动机的喷气速度，取决于推进剂的性能和发动机的设计水平。设计水平越高，所获得的能量效率越高；推进剂的能量越高，可获得的喷气速度越高。能量效率是指推进剂燃烧的热化学能转变为高速排气的动能的效率。它包括推进剂的燃烧效率、发动机喷管效率和发动机的循环效率。能量效率越高，排气速度越高。

1903 年齐奥尔科夫斯基提出火箭公式，计算表明，用液氧、煤油等作推进剂的单级

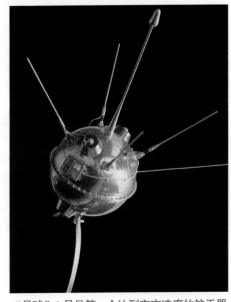

"月球" 1 号是第一个达到宇宙速度的航天器

火箭是无法达到宇宙速度的。即使用液氢氧作推进剂，喷气速度也只能达到 4.2 千米 / 秒，其单级火箭还是无法达到约 8 千米 / 秒的第一宇宙速度。考虑到空气阻力，从地面起飞的火箭，实际上应达到 9.5 千米 / 秒以上的速度。这样一来，火箭的质量比应达到 11 以上才行，也就是说，推进剂质量应占火箭总质量的 91% 以上。齐奥尔科夫斯基设想用多级火箭接力的办法来达到宇宙速度，就是在火箭垂直发射时，让最下面一级先工作，完成任务后脱离，接着启动上面一级，进一步提高速度，这样轻装前进，逐级提高，就能达到所需要的宇宙速度。

发射中的"擎天神"5 号运载火箭

→ 火箭与导弹有什么不同

由于早期出现的一些导弹是用火箭来推进的，所以有人就把它与火箭混为一谈，其实两者在概念上是有着很大差别的。

早期的火箭武器，发射出去之后都不再进行控制。这种被称为火箭弹的无控火箭武器，其命中目标的精度差，作战效率不高，发挥的威力有限。随着战争的需要，迫切要求提高武器的命中精度，于是一种在火箭上装上控制设备以控制其飞行的武器应运而生。这种武器就是我们耳熟能详的"导弹"。

德国是最早研制导弹的国家。1931 年 5 月，德国科学家赫尔曼·奥伯特领导的宇宙航行协会成功试验了欧洲第一枚液体火箭。到了 1932 年，德国军方在参观该协会研制的液体火箭发射试验之后，意识到火箭武器在未来战争中具有巨大的潜力，于是便开始组织一批科学家和工程技术人员，集中力量秘密研制火箭武器。到 20 世纪 40 年代初，德国在第二次世界大战中期，先后成功研制出了能用于实战的 V-1、V-2 两种导弹。其中 V-1 是一种飞航式有翼导弹，采用空气喷气发动机作动力装置；V-2 是一种弹道式导弹，采用火箭发动机作动力装置。

导弹是指依靠自身的动力装置推进，由控制系统控制其飞行并导向目标的一种武器，而火箭则是一种依靠火箭发动机产生的反作用力推进的飞行器。

一枚导弹由两个主要部分组成，一是战斗部，二是运载器。真正直接用来作战的是战斗部。有些导弹的战斗部安排在导弹的最前端，称之为"弹头"。战斗部内装的可以是炸药，也可以是核武器、化学武器或其他装置。运载器则是用来把战斗部送往目标位置的一种可控制的飞行器，由结构系统、动力装置系统和控制系统等组成。运载器可以是有控的火箭，也可以是其他类型的飞行器。大气层内飞行的巡航导弹，其运载器是一种用空气喷气发动机（涡轮喷气发动机或冲压喷气发动机）作动力装置，类似无人驾驶飞机一类的飞行器。而弹道式导弹都选择有控火箭作运载器，这种运载器也称之为运载火箭。

运载火箭的设计特点是通用性、经济性和不断缩小体积的改进。这和大型导弹不同。大型导弹是为满足军事需要而研制的，其主导因素是保持技术性能和数量上的优势，因此导弹的更新换代较快，几乎每 5 年出一种新型号。运载火箭则要在商业竞争的环境中求发展，作为商品，它必须具有通用性，能适应各种卫星重量和尺寸的要求，能将有效载荷送入多种轨道。

美国试射 V-2 弹道导弹

在发射基地的"织女星"号运载火箭

→ 火箭有哪些发射方式

运载火箭可以将各种人造卫星、飞船、空间站等航天器送入太空。目前，运载火箭多为一次性运载工具。目前运载火箭发射有三种方式：地面发射、空中发射、海上发射。

早期，运送有效载荷的火箭都是从地面发射场发射的。地面发射的优点是地面发射装置便于安装和维护，火箭发射瞄准便于实施，适当选择发射场也可以确保发射安全。不过地面发射场同样受地理位置的制约，限制了有效载荷的发射范围，难以满足各种有效载荷的需求，于是出现了从空中发射和从海上平台发射火箭的方式。

从空中发射火箭是用飞机将火箭运送到高空后，再释放火箭，火箭在空中点火飞向预定轨道。采用这种发射方式，飞机可以在不同地点的机场起飞，从空中任何地点发射，它不受地理位置的限制。这样，不仅增加了发射窗口，而且还会扩大轨道倾角的范围，因而具有很大的机动性。载机相当于火箭的基础级，能提高火箭本身的运载能力。相较于从地面发射，从空中发射，火箭的运载能力几乎可以提高一倍。

与地面发射场相比，从海上平台发射火箭同样具有多种优势。首先，可以灵活选择发射地点，当选择在赤道附近海域发射时，能充分借助地球的自转速度，提高火箭的运载能力；其次，周围没有居民点，火箭落区的选择范围较大，从而可使多级火箭的设计更加优化，进一步提高火箭的运载能力。

"猎鹰"重型运载火箭正在发射

运往发射台的"联盟"号运载火箭

→ 火箭发射前发生故障如何处理

如果火箭各系统出现一般性故障，要按照发射预案计算允许推迟时间，并按照本系统预案抓紧时间排除故障。如果排除故障时间在允许推迟时间范围内，则可重新进入发射程序；如果排除故障时间超过了允许推迟时间，则需中止发射程序，推迟发射。例如，"3小时准备"时发生故障，允许推迟时间一般为30分钟，如果排除故障时间低于30分钟，就可以继续发射，超过30分钟，就要重新进入"3小时准备"程序或取消当日发射。

当出现的危险性故障，已经威胁到航天员的安全或不具备发射条件时，则应立即中止发射程序，转入故障处理程序或组织人员救护，待故障排除、条件具备后重新组织发射。例如，火箭点火失败而实施紧急关机后，火箭将自动断电，飞船和地面发射控制系统手动断电，同时启动消防系统对火箭一级发动机喷口和尾段进行消防，确认发动机完全灭火之后，技术人员方可上发射塔检查、操作，合拢塔架各层工作平台，固定火箭，组织航天员紧急撤离。如果推进剂发生泄漏、着火或控制系统断电失败，地面或火箭系统将自动启动逃逸飞行器，帮助航天员实施逃逸，应急高空消防车对火箭顶部进行消防，搜救队对航天员实施搜索救援。

当发生致命性事故时，要迅速组织人员撤离，进行现场封锁，保证人员安全，使发射场设施损失降到最低。例如，火箭紧急关机后发生倾倒时，应立即启动逃逸飞行器，实施航天员逃逸。在火箭倒地爆炸产生的冲击波过后，各系统地面操作人员及时断电，消防分队对发射塔及附近建筑物实施应急消防，医疗救护人员做好伤员的抢救工作，警卫人员组织警戒和维持现场秩序，搜救队实施航天员逃逸后的搜索救援。

"土星" 5 号运载火箭在发射台等待发射

"阿波罗" 16 号飞船正在发射

→ 火箭发射时为何要准备大量的水

火箭发射时会产生炙热的火焰，此时的火焰温度超过了 3300℃。不仅如此，火箭在发射的同时还会产生超大压力，火箭发动机燃烧室的压力，相当于 200 多个大气压。面对高温火焰和强大压力，如果直接冲击到火箭发射台，后果可想而知。所以也就有了采用大量的水，来降低尾焰的做法。

除了降温之外，最重要的一个目的就是降噪，以重型 "猎鹰" 火箭为例。据美国航天局的统计，在 "猎鹰" 号发射时，强大的推进力产生了高达 220 分贝的声音能量。而据美国言语听力协会的研究显示，人类一旦接触到超过 120 分贝的声音，就有可能导致永久性听力丧失，甚至是死亡。这么巨大的能量如果不加以控制，不单发射场会被摧毁，就连火箭自身都会被反射回的能量所击毁。美国航天飞机初次发射时，就曾因噪声过大，导致隔热瓦脱落。于是科学家们就想到了用水来消除噪声，同时还能起到降温的作用，可以说是一举两得。

火箭发射时通过用水来达到降温、降噪的目的。实施时，在火箭发射台旁有一个声音抑制系统，这个系统的原理也非常简单，就是在发射台上装一个巨大的水塔，这个水塔中的蓄水量可达 500 吨，当火箭发射时的声波遇到水后会被水阻挡，于是声波的能量就会转变为水的内能，直接将水气化掉，从而降低分贝。同时，在火箭下方也安装了大型尼龙水袋，在二者的共同作用下，可将噪声降低到 142 分贝。

火箭从点火起飞到喷水之间，仅有几秒钟的间隔，这个时间是通过计算机控制自动喷水的，喷水时间恰到好处，确保不会将燃料浇灭。

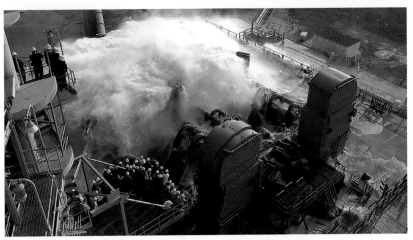

技术团队在发射台进行火箭消声水系统测试

肯尼迪航天中心发射台进行消音水流测试

→ 液体火箭和固体火箭的区别是什么

区分液体火箭和固体火箭主要看推进剂的形态。液体火箭采用液体推进剂，分别贮存在火箭的氧化剂箱和燃料箱内，工作时由输送系统将它们送入发动机的燃烧室；固体火箭采用固体推进剂，贮存在发动机燃烧室内，无需贮箱和输送系统。这就是固体火箭和液体火箭在箭体结构和动力装置上的主要差别。

从发射周期来看，液体火箭的燃料和氧化剂分子活性强，化学稳定性低，基本上必须低温贮存，因此，通常燃料箱不提前加注燃料，到使用的时候再加注，因而液体火箭准备时间较长。而固体火箭的推进剂已经预先混合好，燃料和氧化剂颗粒很早就固定在发动机里，到发射场后只需要进行简单测试就可以发射了。

对于液体火箭而言，液态推进剂存在易挥发、易腐蚀等风险，因此在发射之前加注完成后，必须在一定时间内发射出去。以常温推进剂四氧化二氮和偏二甲肼为例，它们加注后存储周期是 7 天左右；而低温推进剂液氢、液氧，它们的存储周期则只有 1 天。而固体火箭添加推进剂就像是在火箭里浇筑水泥一样，燃料固化后就是一个固体药柱，不像液体燃料会挥发，也没有腐蚀性，因此保存时间长达数年之久。

虽然液体火箭发射周期长，但它的发动机燃烧效率很高，能提供强大推动力，在相同起飞规模下，液体火箭运载能力更大，可以用更少的燃料走更远的路。因此液体火箭搭载的航天器一般在 1 吨以上，常见的有通信卫星、载人飞船、空间站等。相比之下固体火箭的运载能力较弱，只有几百千克左右。不过近年来，全球范围内 500 千克以下小卫星的发射需求飞速增长，很多小卫星都在寻找搭载的机会，因此固体火箭就像是专门为小卫星定制的一样，具有非常大的优势。

综上比较，液体燃料发动机具有推力大运载能力强、可控性高等优点，但制作复杂、价格高昂，通常应用于航天运载火箭领域；固体燃料发动机准备周期越短、保存时间长、简单便宜、安全可靠，易于转场搬迁，但固体推进剂有毒，很难安全地制造和操作，所以通常应用于导弹等军事火箭中。

肯尼迪航天中心的液态氢燃料储罐

固—液混合火箭发动机进行测试

→ 为何火箭发射场多选择低纬度地区

　　同一运载火箭在不同纬度的发射场，其发射载荷的能力是不同的，纬度越低运载能力就越高。所以，为了搭载尽可能多的有效载荷，火箭发射场多选择在靠近赤道的低纬度地区。

　　把发射场建在靠近地球赤道的位置可以起到事半功倍的效果，主要原因有以下两个。

　　（1）被发射卫星的飞行速度是运载火箭速度与地球自转速度的叠加。在运载火箭的速度一定的情况下，发射场的纬度越低，地球的转动速度更大，从而可使被发射卫星的轨道速度更大。如果从赤道向东发射卫星，则能最大限度地利用地球的自转能量，这实质上是借助地球的自转力来提高卫星的飞行速度，从而可以节省火箭的燃料以携带更大的载荷。

　　（2）从赤道或靠近赤道的发射场向东发射地球静止轨道卫星时，可使卫星的飞行轨道与最终轨道处于同一平面内或尽可能靠近同一平面，这样可以节省卫星机动到地球静止轨道位置所需要的大量燃料，节省宝贵的卫星推进剂，大大延长卫星运行时间。所以，在选择发射场时，应当尽量选择在低纬度地区，最好是建在赤道附近，这样既能借力，又可省力。例如，从北纬 5.2° 的法属圭亚那库鲁航天中心发射同样质量的地球静止轨道卫星，要比从北纬 28.2° 的美国卡纳维拉尔角发射节省 15% 的推进剂。

还有一个方式是建立海上发射平台。海上发射的优势在于它可以避免火箭飞越有人居住的地区，更重要的是海上发射平台可根据需要移动，发射位置能灵活选择，不过这种方式多以发射小型卫星为主。

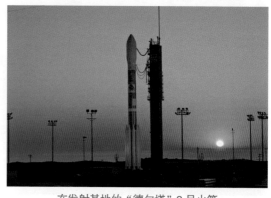

在发射基地的"德尔塔"2号火箭

在拜科努尔航天发射场的"联盟"号火箭

在范登堡空军基地发射的"猎鹰"9 号火箭

→ 发射一次运载火箭要耗费多少成本

研制运载火箭需要高精尖技术，发射运载火箭更是一项庞大的工程，因此航天发射的成本极高。

一般而言，发射一次运载火箭的成本包括以下几个方面：运载火箭的研制成本（单价）、运载火箭的发射成本、运载火箭的测控成本。组成运载火箭的部件都有很高的技术要求，这些零件会经历预研、生产、组装、测试等各个阶段，每一阶段都需要花费大量的经费。而且，运载火箭的生产数量不可能像汽车一样达到数万辆，生产几十枚上百枚已经相当多了，有的仅生产几枚。因此，无法大批量生产无疑会大幅增加单件的成本。

美国研制的用于登月的运载火箭"土星"5号只生产了15枚，一枚火箭的成本高达1.85亿美元。美国目前还在使用的"大力神"4号运载火箭单枚成本高达2亿美元。运载火箭的发射成本包括消耗的推进剂成本、发射场的使用成本以及地面各类附属设施的使用成本，当然也包括人力成本。

运载火箭的测控成本主要包括遍布在各地的测控台站、测量船、指挥控制中心所需的成本。综合上述因素，可以看出发射一次运载火箭的成本是很高的。当然，不同类型、不同运载能力以及不同国家的不同运载火箭的一次发射总成本也大不相同。通常，小型运载火箭发射一次大约需要2000万～3000万美元；中型运载火箭发射一次大约需要6000万～15000万美元；大型运载火箭发射一次大约需要2亿美元或更多。由于各国运载火箭研制、发射和人力资源成本不同，发射同类火箭的成本也有较大差别，

"德尔塔"2号火箭底部特写

美国运载火箭发射成本远远超过欧洲空间站和俄罗斯，例如"大力神"4号火箭发射一次的总成本高达 3.5 亿美元。

"德尔塔"2 号火箭在夜间发射

一支火箭可以携带多少航天器

由于化学动力火箭的运载能力极为有限，所以卫星发射的成本自然也就相当高昂。火箭大部分的质量来源于燃料，而耗费数百吨的燃料将一颗卫星送上天空，其成本是相当巨大的。因此，为了降低火箭发射的成本，科学家们采取了一箭多星的方式，不过，这种方法在技术层面上存在难题。

一箭多星并不仅仅是增加一枚火箭的卫星携带数量这么简单，最关键的是要将这些卫星全部送入预定轨道，可是这些卫星的预定运行轨道各不相同，而且对于速度的要求也可能存在着差异，因此这些人造卫星的需求如果都由同一枚火箭来完成，自然是很有难度的。

其次，一枚火箭携带多颗卫星，这也会给火箭的稳定性带来影响。这是因为当一枚火箭搭载多颗卫星后，火箭的结构角度和重心分布都会发生变化，这些变化都需要进行缜密的计算，稍有偏差都可能导致整个任务失败。所以，要成功使用一枚火箭将多颗卫星送入轨道，就必须要提高火箭的运载能力、掌握可靠的星箭分离技术，对于火箭的飞行路线以及星箭分离的时机都要进行缜密的计算。总之，这是一件非常复杂的事情。

在人类的航天史上，最早开始尝试一箭多星发射任务的是美国，他们第一次进行一箭多星的发射是在1960年，这一次他们使用一枚火箭发射了2颗卫星，在成功之后，又于第二年尝试了一枚火箭携带3颗卫星，目前美国一箭多星的最高纪录是一箭29星。

2017年2月15日，印度发射了一枚携带104颗卫星的运载火箭，并成功将这些卫星送到了各自的预定轨道之上。而印度之所以能够搭载104颗卫星，并不是因为在火箭的运载能力上有什么惊人的突破，更不是因为在火箭的推力上产生了怎样的增强，而是因为这些卫星都太小了。一个国家一箭多星发射水平的高低主要取决于火箭的运载能力、火箭发动机的推力以及星箭分离技术、分导式多弹头技术等方面，其中火箭的运载能力以及发动机推力是核心因素，只有这些核心技术得以提高，航天技术水平才算是获得了真正意义上的进步。

2007年"联盟"号火箭搭载多个卫星升空

"阿波罗" 13 号飞船发射升空

→ 运载火箭的箭体结构由哪几部分组成

　　运载火箭的组成部分包括箭体、动力装置系统和控制系统。这三大系统称为运载火箭的主系统。此外，箭上还装有遥测系统、外测系统和安全系统等。

　　箭体是运载火箭的基体，它用来维持火箭的外形，承受火箭在地面运输、发射操作和在飞行中作用在火箭上的各种载荷，安装连接火箭各系统的所有仪器、设备，把箭上所有系统、组件连接组合成一个整体。

　　动力装置系统是推动运载火箭飞行并获得一定速度的装置。对液体火箭来说，动力装置系统由推进剂输送、增压系统和液体火箭发动机两大部分组成。

控制系统是用来控制运载火箭沿预定轨道正常可靠飞行的系统。控制系统由制导和导航系统、姿态控制系统、电源供配电和时序控制系统三大部分组成。

遥测系统功用是把运载火箭飞行中各系统的工作参数及环境参数测量下来，通过运载火箭上的无线电发射机将这些参数传回地面，由地面接收机接收；亦可将测量所得的参数记录在运载火箭上的磁记录器上，在地面回收磁记录器。这些测量参数既可用来预测航天器入轨时的轨道参数，又可用来鉴定和改进运载火箭的性能。一旦运载火箭在飞行中出现故障，这些参数就是故障分析的依据。

外测系统功用是利用地面的光学和无线电设备与装在运载火箭上的对应装置一起对飞行中的运载火箭进行跟踪，并测量其飞行参数，用来预报航天器入轨时的轨道参数，也可用来作为鉴定制导系统的精度和故障分析依据。

安全系统功用是当运载火箭在飞行中一旦出现故障不能继续飞行时，将其在空中炸毁，避免运载火箭坠落时给地面造成灾难性的危害。安全系统包括运载火箭上的自毁系统和地面的无线电安全系统两部分。箭上的自毁系统由测量装置、计算机和爆炸装置组成。当运载火箭的飞行姿态、飞行速度超出允许的范围，计算机会发出引爆爆炸装置的指令，使运载火箭在空中自毁。无线电安全系统则是由地面雷达测量运载火箭的飞行轨道，当运载火箭的飞行超出预先规定的安全范围时，由地面发出引爆箭上爆炸装置的指令，再由箭上的接收机接收后将火箭在空中炸毁。

"土星" 5 号火箭示意图

　　瞄准系统是在发射前给运载火箭进行初始方位定向。瞄准系统由地面瞄准设备和运载火箭上的瞄准设备组成。

"德尔塔" 4 号火箭正在发射

运输中的 "质子" 号运载火箭

→ 运载火箭的地面试验起什么作用

运载火箭的主要试验项目包括以下几项。

气动性能试验（风洞试验）

它是在可行性论证和方案设计阶段，用运载火箭的缩比模型在不同类型、不同风速的风洞中吹风，测量火箭总体或某一部段的气动特性参数，为运载火箭总体方案设计和载荷计算、气动热环境计算、控制系统方案设计和防热结构设计等提供依据。

箭体结构试验

它是在方案设计和初样设计阶段，为验证箭体结构设计的合理性与结构分析的正确性，对组成箭体的各个部段、组件的模样件或初样产品进行单独的或联合的试验。箭体结构试验包括静强度试验、动特性试验和热试验。静强度试验用来测定和研究箭体在静载荷作用下的应力与应变特性、变形情况和承载能力。动特性试验包括振动、冲击、噪声、液体推进剂在贮箱中的晃动，以及火箭发动机、推进剂输送系统与箭体结构之间的纵向耦合振动等试验。这些试验用来研究和分析箭体结构的基本动力特性和在各种动力环境下结构的耐受能力。热试验用来研究箭体结构在外载荷和热环境联合作用下的结构强度和刚度。

发动机试车

发动机试车是工作量很大的一项地面试验，分模样发动机可行性验证试车、初样发动机性能和结构方案试车、试样发动机鉴定试车和批量生产发动机验收试车等。一台性能稳定、工作可靠的发动机是在大量的各种类型的地面试车试验中研制出来的。

电子系统综合匹配试验

运载火箭上的各电子系统在箭上同时通电工作的情况下，系统本身的工作是否正常，系统间的工作是否协调、有无相互干扰，需要在地面把各系统放在一起进行联合通电试验。通过地面的综合匹配试验协调各系统产生的干扰，并为最终制定运载火箭的测试和发射程序提供依据。

全箭振动试验（火箭动力特性试验）

在初样设计阶段，用全尺寸的振动试验火箭在振动试验塔中对火箭进行横向和纵向的振动特性试验，测量火箭箭体的振型、固有振动频率和结构阻尼系数等动力特性参数，为箭体结构、动力装置系统、姿态控制系统和载荷计算提供设计依据。

全箭试车（全箭全系统热试车）

运载火箭飞行试验前，用与飞行试验火箭状态基本一致的试车火箭在地面全箭试车台上进行火箭全系统工作的热试车，测量火箭发动机工作时箭体各部分的动力环境参数；检验箭上其他系统与动力装置系统工作的协调性。全箭试车时，箭上各系统的工作程序应与飞行试验时完全一样，并由箭上系统自主进行。

火工装置试验

火工装置是运载火箭广泛使用的装置。这种装置利用火药的能量，通过其设计的功能机构，完成运载火箭发射和飞行中所需的一些特定动作与功能，如发动机的点火、动力装置系统阀门的开启或关闭、火箭飞行姿态的控制、多级火箭级与级之间的分离、整流罩的分离、安全系统爆炸装置的引爆和爆炸等。火工装置工作是否可靠，将直接影响运载火箭飞行的成败，因此，在地面必须对火工装置进行极为严格的试验。其试验的内容有：性能试验、鉴定试验、环境试验（如高低温试验、湿热试验、振动冲击试验、电磁环境试验等）和可靠性试验等。

处于测试阶段的火箭发动机

肯尼迪航天中心发射控制中心

美国航天局对大型固体火箭助推器进行地面测试

→ 运载火箭发射前要做哪些准备工作

运载火箭在发射前首先会进入技术准备区的专用厂房，在这里先对箭上的仪器设备进行单元测试，检查其性能和精确测量其参数。单元测试合格后进行分系统测试，即在系统工作状态下，对系统内各仪器设备工作的协调性和功能进行检查，并测量其工作参数。接着，各分系统之间进行匹配测试，检查系统之间工作是否协调。最后进行箭上所有系统都参加的总检查，总检查一般要进行多次，以模拟各种飞行状态来验证运载火箭全系统的技术性能和可靠性，并使火箭达到符合发射状态的要求。总检查之后，便开始在运载火箭上安装各种火工品，并准备转场。

在运载火箭进行技术测试的同时，发射场内的测控系统要进行设备联合测试。先是进行场内设备测试，然后再与分布在各地的测控站设备联合测试。与此同时，地面勤务保障部门对发射设备、加注设备进行调试；气象保障部门开通气象情报网和天气会商网，启动气象测量雷达，开始进行天气的长、中、短期预报。

当运载火箭在技术准备区经检查测试达到可以进行发射的状态后，即可转运到发射区。发射区内有发射台、勤务塔和脐带塔等主要发射设施。运载火箭分阶段运至发射区后，由勤务塔上的吊装设备对运载火箭分级吊装、对接和总装，并将其竖立在发射台上。随后在竖立状态下对运载火箭再一次进行分系统测试、系统间性能匹配测试、总检查和发射演练等。在发射区测试的内容要比在技术区的测试简化。在检查测试工作结束后，就可向运载火箭加注推进剂，并进行瞄准定位。与此同时，地面勤务保障部门要进行推进剂化验，确定推进剂的加注参数；气象部门要提供发射前发射场区的天气情况和上空高空风场等信息，以及火箭飞行经过地区的气象情况。

运输火箭的履带式运输车

"德尔塔" 4 号火箭使用的固体火箭助推器

→ 发射航天器能产生什么效益

浩瀚无垠的太空是一个无菌、高真空、高洁净、微重力（失重）的世界，这种得天独厚的环境，可以完成许多地面上无法做到的事情。因此，美俄两国都在自己的空间站或航天飞机上建有专门的生产车间，并且已经成功地生产出高纯度的生物药品、特殊的合金材料、高质量的巨型单晶、高透明度的磁性光学玻璃、高纯通信光纤及理想圆度的滚珠、高温涡轮叶片等。

一些高纯特效生物药品，若在太空中进行生产，其效率是地面的400 ～ 800 倍，纯度是地面产品的 5 倍，在太空生产 1 个月相当于在地面生产 30 ～ 60 年。又如激素的提取，由于受地面重力作用和空气中的杂质影响，从而限制了所要求的高纯度，在太空中进行就变成可能。

1984 年，美国曾在航天飞机上生产出一种用于电子显微镜、微过滤器的聚苯乙烯乳胶球，并形成了年产值达 3000 万美元的产业。砷化镓是目前用途最广的半导体材料，美国 1990 年在太空生产了 40 千克，价值达 4000 万美元。到了 2000 年，美国已列出几十种能够在太空生产的产品，空间民用项目的年度收入可达到 650 亿美元，年税收可达 130 亿美元。

有专家分析后认为，大约再过 50 年，人类将面临煤炭、石油和天然气等传统能源的严重匮乏。而核反应堆要产生大量的核废料，且铀的储量有限；目前正在发展的重氢和超重氢反应的热核反应堆会形成强大的辐射。综上所述，有人认为未来解决能源的途径可能是"氦 -3"同位素热核反应堆，因为它既无中子辐射，也没有放射性污染。然而，地球上"氦 -3"储量非常有限，无法大量生产能源，可月球表面的尘埃中"氦 -3"储量达百万吨以上，足够人类千年利用。科学家计划发射太空飞行器，用其携带的设备收集月球上的尘埃，从中将"氦 -3"分离出来，使其变成液体后带回地球。

经济学家进行大量的研究分析认为，每年对美国 NASA 进行大量的投入，可以在制造新的就业机会和新技术发明方面给国民经济带来大约6 ～ 10 倍的回报。

"奋进"号航天飞机发射时产生的尾气

"猎鹰"9号火箭的发射轨迹

"阿丽亚娜" 5 号火箭正在发射

→ 哪些因素会影响航天器的发射

　　航天器的发射条件非常苛刻，可能因为一点天气问题，火箭航天器就得推迟发射。

　　在许多开阔平坦的区域都比较容易发生雷暴天气，例如非洲草原。而航天器发射场地一般都处在人烟稀少的开阔区域，所以在航天器发射之前必须要规避雷暴天气。电闪雷鸣、狂风暴雨决定着火箭是否延后发射，这是因为航天器是由非常多的精密电子设备和元件组成。在火箭升空时，地面要配备大量的地面雷达遥感及信号接收设备，如果雷暴击中火箭或者地面设施，则会造成火箭内部电子设备短路损坏，干扰地面雷达遥测信号，从而导致火箭航天器脱离地面管控，航道出现偏差，如果雷暴较为强烈，甚至可以直接击毁火箭。

　　另外，极寒天气也会对火箭航天器升空发射产生不利影响，这体现在地面发射装置和航天器的重要构件上。1986 年，美国航空航天史上第二架航天飞机"挑战者"号在发射前就遭遇了极寒天气。美国肯尼迪航天中心所在的东海岸温度呈阶梯式下降，连续多天处于零度以下。挑战者号也被延后发射，但负责研究助推器的科学家们已经开始担心，长时间低温会让航天器的密封垫圈失效，从而发生事故。最终，火箭升空时，右侧固态推进器上面的一个"O"形环的确因为低温失效，导致火箭发射时产生了连锁故障。

其次，火箭航天器发射后，并不是垂直于地面向太空中飞行的，而是在达到一定空中高度之后，便开始由助推器控制发生转体转向，调整姿态，从而达到正常的轨道倾角要求，再继续飞行。在此期间航天器需要经历数次非常繁杂的姿态调整过程。而如果出现强风、龙卷风等天气，则很有可能改变火箭的飞行方向。在发射升空的初级阶段，地面对于航天器控制精度的要求也非常高，所以必须减少强风天气对火箭的影响。

大气层并不是单一结构，而是由对流层、平流层、热层组成的整体高度大约为 1100 多千米的综合体。每一层中的风速和气象条件都不尽相同，任意一层出现极端强风天气都会导致航天器偏离轨道，发生事故，所以大风也是导致航天器延后发射的重要原因之一。

在航天器升空后，不但需要考虑近地天气因素，还要考虑行星际的空间天气对航天器的影响，比如太阳耀斑和太阳风暴就会对航天器发射产生很大影响。太阳出现耀斑和风暴会给地球带来大范围的磁暴，在电离层会引起巨大的波动，这个阶段需要推迟航天器的发射。

总而言之，航天器的成功发射对各方面的要求都非常之高，其中任意一项不满足发射条件，都将会推迟发射时间。

美国"发现"号航天飞机正在发射

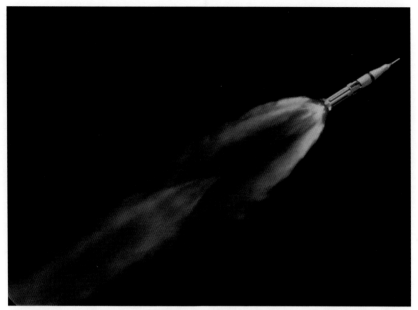

"阿波罗" 7 号飞船发射升空

➜ 航天飞机的飞行原理是什么

　　航天飞机是一种可重复使用的由运载火箭发射的飞行器，用于进入地球轨道，在地球与轨道航天器之间运送人员和物资，并滑翔降落回地面。

　　航天飞机主要由 3 部分组成：带机翼的轨道器，用于运载航天员和物资；外部推进剂箱，用于携带可供 3 台主发动机使用的液氢和液氧；一对大型固体推进剂捆绑式助推火箭。

　　整个系统的起飞重量达 2000 吨。发射时，助推器和轨道器主发动机同时点火，推力达 3100 万牛。起飞后约两分钟，助推火箭被抛弃并用降落伞降落，回收后再次使用。轨道器将外部推进剂箱中的推进剂消耗完之后，推进剂箱就完成了它的使命，在坠入大气层后解体。虽然航天飞机像常规载人航天器一样垂直发射，但不同的是，它能像普通喷气式飞机一样滑翔降落在跑道上。轨道器在设计上可重复使用多次，从而降低了航天飞行的成本。航天飞机可将卫星和探测器装入它的货舱带到太空去施放，也可由航天员在太空中回收或修理轨道上出了问题的卫星。航天飞机还可用作太空实验室，携带专门的研究设备进行各种科学实验。航天飞机完成任务返回地面远比升空时的难度与危险性要大。当轨道飞行器返回地球重入大气层时，它必须十分精确地调整好自己的状态和角度。由于机身与空气的剧烈摩擦，其外部可产生 1500 摄氏度的高温，如果没有防护装置，飞机将会熔化。所以，在航天飞机的外表覆盖了一层大小形状不同的黑色光亮的硅酸盐纤维瓷片，这些瓷片的隔热性能非常好，可以保证热量不被传导到飞行器上。

　　航天飞机是迄今为止人类所制造的最复杂、最尖端的运载工具。它庞大而精密的系统由数百万个零部件组成，其中任何一个出现问题，都可能导致整个航天飞机毁灭。

航天飞机主发动机点火

"发现号"航天飞机在着陆时打开减速伞

运输中的"亚特兰提斯"号航天飞机

航天飞机为何还要配备运输机

　　航天飞机结构包含两个固体火箭助推器、外挂燃料箱和轨道器（外形类似于飞机）。航天飞机的燃料分为两部分，一部分是固体火箭助推器中的固体燃料，还有一部分是外挂燃料箱中的液体燃料，轨道器没有携带燃料。

在航天飞机起飞后，两个固体火箭助推器的燃料先耗尽，并与航天飞机分离。随后，外挂燃料箱的燃料也耗尽，并与轨道器分离。最终，进入太空轨道的只有轨道器。轨道器在返航的时候，依靠空气阻力无动力滑翔回地球，并降落在机场跑道上。由于轨道器没有动力，所以它只有一次降落机会。

以美国航天飞机为例，轨道器通常会降落在航天飞机的第二着陆场——位于美国加利福尼亚州的爱德华兹空军基地，而航天飞机的检修、组装以及发射都是在佛罗里达州的肯尼迪航天中心。因此，对于无动力的轨道器，只能通过航天飞机运输机驮着它来实现转场飞行。

被送往空军基地的"挑战者"号航天飞机

配备运输机的"暴风雪"号航天飞机

搭乘运输机的"挑战者"号航天飞机

→ 航天飞机着陆时对跑道长度的要求

一般在飞机着陆的时候，是需要跑道来进行缓冲的，如果直接落地很可能会导致失火或者是飞机折损等严重的问题，在极端的情况下，甚至可能会威胁到飞机上人员的安全。

机场跑道的差异主要体现在跑道铺设的长度、宽度和混凝土的厚度。一般来说，越长的机场跑道，其铺设宽度和厚度也越大，适合自重和尺寸更大的喷气飞机降落。最简陋的跑道只有压得比较平整的砂石跑道。而混凝土跑道的最低铺设厚度为 20 多厘米。最大的铺设厚度则在70 厘米甚至 1 米。铺设厚度在 20 厘米的跑道一般长度只有 1000 多米，宽度不过 30 多米，只适合轻型螺旋桨飞机起降。而铺设厚度在 70 厘米以上的大型机场的跑道长度可达 4000 米，适合最大型的空客 A380 或者安 -225 飞机起降。对大多数喷气战机来说，最低起飞滑跑距离大多数为500 ～ 600 米；最低降落滑跑距离则多在 700 ～ 800 米，因此对跑道的最低要求就是 1500 米。也就是为最低滑跑距离提供 2 倍的余量。大型客机和大型运输机的起飞滑跑距离多不超过 1500 米，降落滑跑距离多不超过 2000 米，而跑道多设计到 3500 ～ 4000 米，也是留出 2 倍的安全余量。

航天飞机都是和普通火箭一样从发射台上垂直起飞，因此起飞期间是不需要跑道的。只是在降落的时候需要。航天飞机一般在距离地面130 千米高度开始进入稠密大气层。采取的降落轨迹呈现 40% 仰角。

航天飞机的这种减速方式，到大约距离地面 80 到 60 千米时会出现黑障区。此时航天飞机的相对速度已经下降到了 3 马赫以下，不再做弹道飞行而是螺旋气动飞行，逐步飞向着陆场。在距离地面大约 4500 米高度时，开始对准跑道直线滑翔下降，此时航天飞机的速度再次下降到 0.5马赫左右。当航天飞机的主轮接触地面时，相对速度大约在 350 千米 /小时，比普通的大型客机的着陆速度稍微快一点。不过由于航天飞机没有普通客机的减速板等装置，只能靠释放减速伞来减速，因此安全着陆的滑跑距离一般为 2000 ～ 2500 米，和大型客机的着陆滑跑距离其实差不多。不过航天飞机着陆要考虑到万一是从高空直接快速降落，或者减速伞弹出时失效的问题。此时航天飞机的着陆速度可能在 400 千米 /小时以上。那么滑跑距离就可能超过 3000 米，因此航天飞机的降落主跑道往往在 5000 米以上，加上跑道延长线则更长。爱德华兹空军基地的主跑道总长 11265 米，是全球最长的机场跑道。

肯尼迪航天中心的航天飞机跑道

"发现"号航天飞机着陆后准备转移机组人员

发射中的"挑战者"号航天飞机

正在着陆的"挑战者"号航天飞机

→ 航天飞机为何不能直接起飞

　　航天飞机是一种专门往返太空与地球的航天器，它能将卫星等设备送入太空，同时也可以搭载航天员在轨道上飞行，最后它还能像飞机一样滑翔着陆。

　　航天飞机发射时通常和火箭连接在一起，采用的是垂直发射的方式。航天飞机发射所需的推力由两个固体火箭和三个航天发动机提供，所有这些发动机都在发射过程中工作。航天飞机自身没有燃料，所以它无法在没有外储箱燃料的情况下独自飞行，如果航天飞机需要转移或者运输，那么只能靠运输机来托运。只有如此强大的推力才能以令人难以置信的高速将航天飞机发射到空中。垂直上升最初是缓慢的，航天飞机需要 8 秒才能达到 61 千米 / 小时。但是，由于燃料消耗速度快，航天飞机快速爬升，在飞行的第一分钟结束时，它的速度便会达到惊人的 1609 千米 / 小时。

　　此外，航天飞机短粗的机翼并不是设计来让其像飞机一样飞行的，而是用于许多其他功能，包括便于受控再入大气层等。科研人员也曾经设想过让航天飞机直接起飞，但这种起飞方式的技术过于复杂，相关费用又比传统的垂直发射方式要高得多。因此不管是从技术上和经济上看，让航天飞机直接起飞都是极不可取的。

"企业" 号航天飞机进行试飞

（从左至右）"哥伦比亚"号、"挑战者"号、"发现"号、"亚特兰蒂斯"号和"奋
进"号发射对比

在轨期间的"挑战者"号航天飞机

→ 美国航天飞机与苏联航天飞机有什么差异

1988年11月15日，苏联第一架不载人航天飞机"暴风雪"号由"能

源"号运载火箭发射成功，经过 3 小时绕地飞行 2 圈后，航天飞机安全返航。"暴风雪"号航天飞机外形与美国航天飞机酷似，而且它们在尺寸、内部分系统及其布局、防热系统等方面也都差不多。对此，苏联的解释是，外形相同是由于空气动力要求的结果，况且科学无国界。

它们之间的最大区别是苏联"暴风雪"号航天飞机本身没装备主发动机，因而只是航天器，不是运载器，需借助"能源"号火箭才能送入太空。这样做既有利，也有弊，因为没有主发动机，所以"暴风雪"号可携带更多的有效载荷，但发射它的"能源"号是一次性使用运载火箭，故主发动机不能重复使用，这似乎不太经济。当然，"能源"号火箭还可以发射别的航天器，因而用途极广。

"暴风雪"号航天飞机上虽没有主发动机，但由于安装了 2 台小型发动机，所以着陆时如果第一次着陆失败，还可以拉起来进行再次着陆，安全系数较高。美国航天飞机只能靠无动力滑翔着陆。

鉴于美国"挑战者"号的惨痛事故，苏联"暴风雪"号航天飞机增设了逃逸系统并决定先进行无人飞行。

美苏航天飞机均装有机械臂，不过美国的机械臂可回收轨道上的卫星和释放卫星进入空间，苏联的则不行，因为其机械臂仅能用于把"和平"号空间站的一个对接口上的专用实验舱移到另一个对接口上。

"暴风雪"号航天飞机一开始就设有与空间站对接装置，原计划在第二次飞行时便与"和平"号空间站对接。而在 1995 年以前，美国无空间站，故其航天飞机没有安装对接装置，在此期间均是独自飞行执行各种任务。后来，为了与俄罗斯"和平"号空间站对接，才增设了对接装置。

美国航天飞机的着陆速度为 213 ～ 226 千米 / 小时（使用减速伞）；苏联航天飞机的着陆速度为 310 ～ 340 千米 / 小时，不难看出，在此方面美国优于苏联。但美国只有卡纳维拉尔角的一座发射台能发射航天飞机，而苏联在拜科努尔建有 3 座能发射航天飞机的发射台，因此当一座发射台出现故障时，并不影响航天飞机的发射。

尽管美苏航天飞机各有千秋，但美国航天飞机早就投入实际使用，而苏联航天飞机只进行过一次无人试验飞行，后因苏联解体和俄罗斯经济实力下降等多方面原因于 1993 年被取消。

苏联"暴风雪"号航天飞机

美国"挑战者"号航天飞机正在发射

→ 对航天飞机有什么速度要求

宇宙速度是指物体从地球出发，在天体的重力场中运动，从而产生的四个较有代表性的初始速度的统称。航天器按其任务的不同，需要达到这四个宇宙速度中的一个。

第一宇宙速度

第一宇宙速度又称为环绕速度，是指在地球上发射的物体绕地球飞行做圆周运动所需的最小初始速度。若在 150 千米的飞行高度上，其环绕速度为 7.8 千米 / 秒。

第二宇宙速度

第二宇宙速度，亦即地球的逃逸速度，是指在地球上发射的物体摆脱地球引力、飞离地球所需的最小初始速度。若航天器已到达近地轨道的高度，航天器的脱离速度约为 10.9 千米 / 秒。

第三宇宙速度

第三宇宙速度，亦即太阳的逃逸速度，是指在地球上发射的物体摆脱太阳引力、飞出太阳系所需的最小初始速度。在地球轨道上，要脱离太阳引力所需的初始速度为 42.1 千米 / 秒，但地球绕太阳公转时令地面所有物体已具有 29.8 千米 / 秒的初始速度，因此如果沿地球公转方向发射，只需在脱离地球引力后再额外加上 12.3 千米 / 秒的速度即可。

第四宇宙速度

第四宇宙速度是指在地球上发射的物体摆脱银河系引力、飞出银河系所需的最小初始速度。但由于人们尚未得知银河系的准确大小与质量，因此只能粗略估算，其数值在 525 千米 / 秒以上。而实际上，仍然没有航天器能够达到这个速度。

发射升空的"奋进"号航天飞机

"奋进"号航天飞机（左）与"亚特兰蒂斯"号航天飞机

第 4 章
航天人员篇

　　航天活动是一项特殊的职业活动，它具有工作环境特殊、职业技能高度复杂、飞行任务艰巨等特点。这样的职业，要求航天员不仅具备健康的体格、良好的心理素质，而且对航天环境要有高度的耐受和抗压能力，同时还应具备渊博的知识、高超的技能等。

→ 概述

自 1961 年人类首次飞天以来，共有来自 64 个国家的航天员先后进入太空。近年来，宇宙空间站任务变得更加多样化，比如在太空开展科学研究，维护空间站。由于人类在太空停留的时间也越来越长，因此对航天员的人际交往能力和心理调节能力也提出了更高的要求。

各个航天机构对航天员诸多资质的要求都是相似的。例如，如果申请成为欧洲空间局的航天员，你需要获得自然科学、医学、工程、数学或计算机科学的硕士学位或更高学历；或者，你需要获得实验性试飞员的学位，能够驾驶正在进行测试的飞行器，并管理相关的研究项目。美国航天局也有类似的要求，但允许在申请后的两年内获得这些学科的博士学位。

另外，为了成为合格的航天员候选人，申请者还需要一定的实际经验，美国航天局要求至少 2 年的相关领域研究经历，欧空局则要求至少 3 年。美国航天局的要求也可以换成在飞机上至少 1000 小时的飞行指挥时间。

此外，航天员还必须有良好的健康记录。在这一点上，欧洲空间局要求在初次申请时能达到私人飞行员执照或更高级别的医疗证书，但不需要持有执照本身。美国航天局的候选人必须能够通过长时间飞行的航天员体检。

除了要求身体健康，航天机构对于航天员的心理健康也同样重视。欧洲空间局能力和政策中心的负责人达格玛·布斯曾说："在选拔过程中，我们将通过心理测验和其他工具，来测试一个人的精神稳定性，特别是那些可能导致危险的信号（比如精神障碍）。"如此看来，无论是对航天员个人还是整个团队的安全，心理稳定性都至关重要。

美国航天局每次招募平均能收到 4015 份申请，其中 100 名左右的申请者会被邀请到位于得克萨斯州休斯敦市的约翰逊航天中心进行为期一周的面试、体检和方向感测试等，通过面试者会成为航天员候选人，并开始参加为期 20 个月的基础培训。在完成培训取得航天员资格后，候选航天员将参加专业性更强的进阶培训，直到被指派参加某次升空任务。

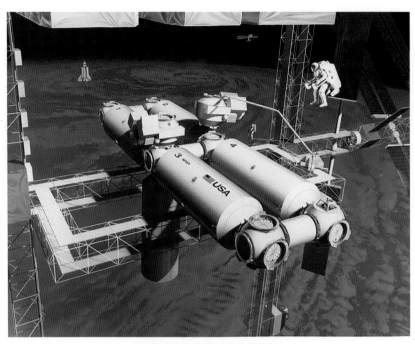

航天员在空间站外工作模拟图

1967 年苏联航天员纪念邮票

美国航天员进行舱外活动

准备出舱的航天员

→ 航天员在太空吃什么

第一个在地球以外吃饭的人是苏联航天员尤里·加加林，他在太空中的食物被装在 63 支铝软管中，看起来就像是牙膏。每支"牙膏"装有 160 克食物，还有面包球、熏香肠和柠檬切片。他选择的主食是蒜末肉泥，甜点是巧克力酱和黑加仑汁。在 108 分钟的飞行时间里，他没来得及都品尝一下，但他表示尝过的食物都很好吃。

1961 年 8 月，人类历史上第二个太空人格尔曼·季托夫获得的也是类似的食谱，他在 25 小时飞行中进食了三次，但回到地球时感觉非常饥饿，因为在太空中的热量消耗要比地球上大许多。因此，后来的航天员食谱中增加了煎牛排、牛舌、肉饼、鸡柳、红菜汤和黑面包。除面包外，其他食物都被装在软管里。

1962 年，美国航天员约翰·格伦乘坐"水星"飞船起飞时，他的便当盒中塞满了一口大小的食物冻干块，这些小立方块必须在太空中重新加水拌成食物泥，装进牙膏管后才能食用。

如今，俄罗斯航天员的太空饮食几乎同地面上完全一样：黑面包、火腿、酸甜汁浸猪肉、鹌鹑、波兰梭鱼、俄罗斯奶酪、鲟鱼、蔬菜汤、草莓、饼干、巧克力、茶和咖啡。太空人再也不用从软管中吸食了。这些食物用特制的器皿包装，可以直接放在有加热设备的工作台上；有的则用聚合物包装，不必吸食，可以用勺或叉子取食。

　　20 世纪 60 年代中期到 70 年代后期，美国航天局研制的"双子座"号飞船上的粮食系统得到大幅改善，家用电器制造商惠而浦公司为他们生产了一种塑料包装的冻干食品。制作冻干食品需要先将食物煮熟，然后快速冷冻，再放到真空中缓慢加热，去除冷冻过程中形成的冰晶。航天员用喷嘴往食物上洒水，把吸了水的食物揉成糊状。这比"牙膏"味道好些，还能吃到牛肉和肉汁，但水是冷的，所以食物并不可口。

　　自"阿波罗"号任务开始，太空食物质量便不断提高。这主要是因为"阿波罗"号飞船采用了氢氧燃料电池为电源，这种电池发电时可产生大量的水。于是，后来的航天飞机不仅能提供冷水，也能提供热水了，这就使得脱水食品复水后的性状和风味更接近于地面的普通膳食，能在一定程度上满足航天员的口味，航天员甚至可以用勺子吃东西了。

　　在早期空间站时代，美国航天员已经能吃到 80 多种食物了。

　　进入 20 世纪 80 年代后，美国主要发射的是航天飞机，航天飞机上安装了更为适用的"太空厨房"，这就使得航天食品有了重大改进，已经达到了使航天员满意的水平。太空厨房实际是一个多功能的食品加工和贮存柜，里面有食品贮箱、调味品贮箱、加热器、分水器、餐具箱、清洁卫生用品箱和废物箱。此外，还有一个可以折叠的、专门用于制备食品的台子。航天员在飞行中按照菜单进餐，菜单上的食品能够保证一周内不重样，航天员可以根据自己的爱好点菜。此外，每天还有点心和零食。

航天飞机上配备的食物

航天员在训练期间进餐

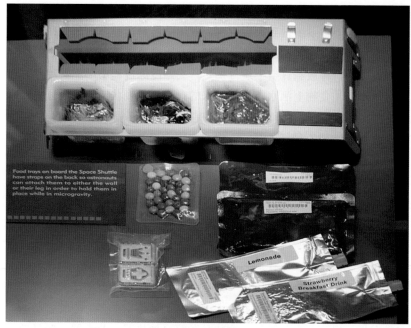

航天飞机上使用的食物托盘

→ 航天员在太空中是如何睡觉的

人的一生约有三分之一时间是在睡眠中度过的，睡眠对人类至关重要。对于航天员来说，充足和高质量的睡眠是保持良好体力、完成飞行任务所必不可少的。航天员如果睡不着、睡不好，会严重影响他们的情绪和工作能力。

研究显示，即使受过严格训练的航天员，如果72小时不睡觉，在手动控制交会对接时会发生绩效显著下降、差错率上升、燃料消耗增加的情况，情绪也会陷入焦虑，且容易疲劳，以致无法胜任关键任务。睡眠不足还会影响基本认知功能，包括警觉性、认知速度和精度、工作记忆力、反应时间、注意力和敏捷度等，影响飞行安全，甚至导致任务失败。很多人以为，航天员只要放松肌肉，就可以开始睡觉了，无论站着还是躺着都一样。但是实际上躺下容易，睡着却并不容易。

　　为了保证座舱内的氧气压力，航天器内必须不断地用风扇强制通风，所带来的噪声也会让睡觉成为一件不太容易的事情；除此之外航天员们必须要习惯悬在半空中睡觉，他们要让自己的肌肉足够放松，然后安稳地进入梦乡。在漂浮状态下睡觉可能会有点困难。许多刚上太空的航天员说，他们在迷迷糊糊睡觉的过程中会被下坠的感觉惊醒。而且，就像在地球上一样，他们可能会在睡眠中间醒来去上厕所，或者夜醒看窗外，也有航天员说会做梦，甚至是做噩梦，有些人甚至会在太空中打鼾。

　　所以，科学家们为航天员的睡觉做了精心安排。首先是科学排班，让航天员合理地安排作息，保证睡觉前后的适应。另外，可以在休息区降低光照强度，营造夜间环境。为了给航天员创造类似于在地面睡觉的感觉，在条件许可的情况下，可以让航天员躺在床上睡。国际空间站上就有专门用于放置床铺的卧室，床铺垂直安装在地板与天花板之间，床上铺有褥子，褥子上有睡袋，睡袋上还有通气孔，每个航天员都有独立睡眠舱位，避免相互影响。睡觉时，航天员一定要将手臂放进睡袋里，把双手束在胸前，以免无意中碰到仪器设备的开关。同时由于在失重的环境中，睡眠中的人会有四肢脱离躯干的感觉，因此在睡觉之前，航天员需要用一根带子将自己和睡袋固定在某个地方，否则睡着之后，由于呼吸气体产生的推力，会将航天员的身体推到空中，并在舱内飘来飘去。

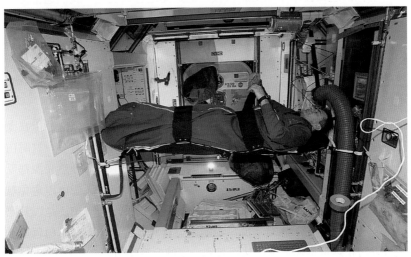

航天员在空间站睡觉

航天员在失重情况下使用睡袋

→ 航天服为何要设计成白色的

现代的航天技术不断更新换代，但是无论怎么变化，我们通常见到的航天服颜色却大都是白色的。

众所周知，宇宙中最多的就是各类辐射，其中又属太阳辐射最为强烈，我们平时因为生活在大气层和地磁场的保护之下，因此并没有太大感觉，但是一旦到了宇宙，那么就相当于将自己直接暴露在了宇宙空间中，这是危及性命的大事，所以必须穿上航天服。

在地球的大气外层，太阳的热辐射强度是地面的好几倍，所以在太空中航天员会直接暴露在各类宇宙射线和强烈的太阳热辐射下。这时白色航天服能够反射更多的太阳光，把太阳光谱中的绝大部分热光源都反射到太空中，它还能将热辐射量降到最低，所以白色航天服可以避免航天员被太阳光灼伤，保证航天员的健康。除此之外，太空中还是极其寒冷的，温度几乎等于绝对零度，当航天员背对着太阳作业时，白色航天服可以防止热量迅速散发，从而起到一定的保温作用。

　　当然，除了白色以外，其他国家的航天局还拥有其他颜色的航天服，比如亮橙色。其原理和地球上救援服是一样的，假如航天员在空间站外维修设备的时候出现问题，那么凭借其显眼的航天服颜色可以快速得到救援。

　　发射和返回是航天活动中最危险的部分，舱内的航天员随时要做好逃生准备，为了能够在降落后快速被找到，舱内航天服要用醒目的颜色，而其他国家有些是降落到海里，所以用亮橙色，在海上会显得十分醒目。

伯库特航天服

索科尔航天服

SK-1 航天服

克雷切特航天服

航天员在太空中怎样呼吸

　　地球上有大量的可以呼吸的氧气，但是太空中却没有，所以确保在太空中有足够的可呼吸的氧气是太空科学家和工程师最重要的任务之一。尽管人类向太空发射了许多人造卫星，但每个人造卫星的任务目标和任务持续时间各不相同。这是因为许多常规的太空任务通常只持续几天或至多一两个星期、所以大多数航天器都自带氧气，飞船上也可能有应急备用系统。

航天员在太空中获取氧气主要有以下几种方法。

（1）直接从地面携带氧气罐。这种方法最为直接，不过效率也很低。

（2）使用固体燃料氧气发生器。这种方法主要是化学反应产生氧气。固体原料利于存储，可以用较小的体积储备较多的氧气。例如，装着粉末状氯酸钠和铁粉混合物的金属罐子，在点燃时，铁燃烧并产生化学反应所需的热能，相应的化学反应会产生氯化钠和氧气。商用飞机在舱内气压下降时也用相似的办法制氧。

（3）使用电解水。这种方式在地面很少用，但却是空间站中提供氧气非常重要的手段。在地面上，电解水消耗能源较多，产生的氢气又有危险，但是，空间站上的供电不是问题，巨大的太阳能电池板可以源源不断地供应电力，同时伴随产生的氢气也可排放到太空中。作为原料的水，可以从地球上通过补给船运送到空间站，还可以通过冷凝器回收机舱空气中的水蒸气，甚至使用航天员的尿液过滤和回收。据报道，国际空间站的氧气发生器就是电解水的制氧设备。

除了为航天员提供可呼吸的氧气，还必须确保空间站上的空气是干净的。目前，空气中的二氧化碳是用沸石分子筛从空气中除去的，这样可以消除航天员呼出的二氧化碳废物。空气中还有其他一些气体，比如甲烷、丙酮、甲醇和一氧化碳等，不过都在空间站上的活性炭过滤器的帮助下被移除。

总而言之，在太空中的氧气供应是一个非常复杂而又重要的问题。在未来，科学家需要不断探索新的氧气供应方式，以保证航天员的生命安全。

航天员在舱外活动时进行预呼吸

戴着氧气面罩的航天员

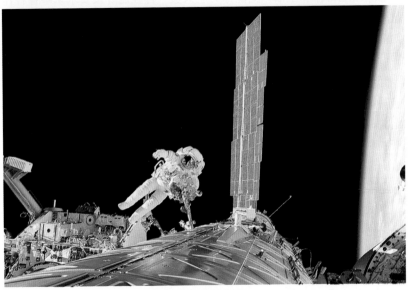

航天员进行舱外活动

女航天员进入太空需要面临哪些问题

　　1963 年 6 月 16 日，太空迎来了人类历史上第一位女航天员——来自苏联的瓦莲京娜·捷列什科娃。在近 71 小时的飞行中，她乘坐"东方" 6 号绕地飞行了 48 圈，并在飞行中完成了生物医学和科学考察计划。后世为了纪念她的创举，用她的名字命名月球背面的一座环形山。然而很少有人知道，就在捷列什科娃成功飞天的前三年，美国宇航局曾以"担心任务失败"和"影响男航天员训练"为由，终止了原定对 13 名女航天员的航天训练。

1982 年 8 月 19 日，苏联又把第二个女航天员——斯韦特兰娜·萨维茨卡娅送上了太空。两年后，在最后一次太空飞行中，萨维茨卡娅完成了太空行走，成为世界首位在太空行走的女性。与此同时，萨维茨卡娅在担任"联盟"T-12 号随机工程师期间在太空进行了新型万能手工工具试验，对金属进行了切割和焊接等工作，向世人证明女性不仅能在载人空间站上工作和生活，更能像男航天员一样在舱外按要求从事各种作业活动。十几年后，来自俄罗斯的女航天员叶莲娜·康达科娃也来到太空，创造了彼时女性在太空连续逗留时间的世界纪录。

2021 年 10 月 5 日，俄罗斯"联盟"MS-19 飞船从哈萨克斯坦的拜科努尔航天中心发射升空，将 36 岁的女演员尤利娅·佩雷西德送到国际空间站，同行的还有导演克里姆·希彭科和航天员安东·什卡普罗夫。此次，他们在空间站里住了 12 天，并拍摄一部名为《挑战》的电影。

尽管错失了多次"第一"，但在总数上，美国进入太空的女航天员却比苏联更多：从 1984 年第一位女航天员搭乘"发现"号上天至今，太空迎来的美国女航天员总数已有约 50 名。

太空的恶劣条件不会因为性别而有所改变，因而女航天员的选拔与培训更不会区别对待。然而不可否认，男性与女性在生理和心理等方面的确存在一定差异，女性航天员也有自己的特征，譬如脂肪较多、血红蛋白含量少，女性的平均身高比男性要低、平均体重更轻、进行有氧运动的能力偏低，这些都导致女性进入太空飞行的困难要更多一些。因此她们在执行太空任务时更多地扮演的是任务专家而非飞行专家的角色。

此外，由于生理构造不同，女航天员在太空生活中还需要带卫生用品，用水也更多。尽管选拔的门槛与男性基本无异，但对于已婚生育的女航天员，由于太空飞行有时会遇到低压情况，考虑到人体自身压力变大容易造成疤痕裂开，因而只能选择自然分娩的女性，但已怀孕的女性不能参加选拔。

不过，女航天员也有自己独特的优势：在生理方面，女性的血压和周围血管阻力比男性低，心率更快，这也使得女性更易于适应太空环境。此前就有研究表明，返回地球后的女航天员，其行走能力的恢复速度比男航天员更快。类似地，在发生运动病时女性也比男性更易康复。同时在太空失重环境中，女性的雌激素和镁代谢能力更好，更不易出现血栓、铁中毒、血管痉挛等问题，更适合进行长期载人航天。

在国际空间站工作的女航天员

女航天员在太空观察地球

身穿航天服的女航天员

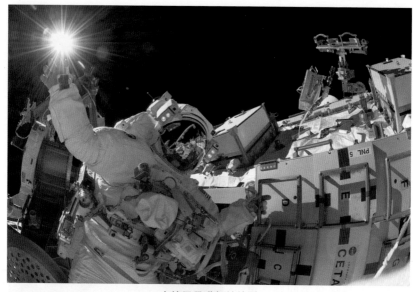

女航天员进行舱外活

航天员从太空回来身体会发生什么变化

2016 年 3 月，美国航天局航天员斯科特·约瑟夫·凯利在太空执行完 340 天任务后返回地球，经过医学检查，专家发现斯科特的某些 DNA 发生了变异。经过半年的治疗康复，虽然部分变异 DNA 的 93% 都恢复到了正常水平，但仍有 7%DNA 发生了不可逆的永久变异。

事后科学家猜测，斯科特的部分细胞发生永久变异，可能跟"在太空中的时长"有关系，也就是说，航天员在太空中越久，体内的 DNA 就越有可能发生变异，当然航天员在太空中的身体变化，远不止如此，主要有以下几点。

肌肉萎缩

从地球诞生之初就存在重力，而生物经过漫长的演化过程，也进化出了一系列对抗地球重力的能力，例如强大坚硬的骨骼和肌肉组织。人体处于失重状态越久，肌肉为了抵抗重力的功能就会慢慢退化，直接表现形式就是肌肉萎缩。根据多国航天员的数据可知，在空间站生活半年后，肌肉就会出现较大程度的萎缩，由于手臂运用得多，所以腿部肌肉的萎缩程度，是高于手臂肌肉的。航天员执行完任务回到地球后，习惯了在失重状态下的肌肉，又要重新抵抗地球重力，所以航天员出舱门后被抬出来，其中一大原因也是肌肉萎缩造成的。

骨质流失

在太空失重环境下，骨骼受到刺激减弱，久而久之就会出现骨质流失，其主要表现形式有骨骼质量减轻，骨密度下降。通常一位在空间站生活满 6 个月的航天员，他的脊柱骨密度平均每月下降 0.9%，髋关节每月下降 1.4% ～ 1.5%，跟骨每月下降 0.4%。而且一旦骨质疏松形成，后期就很难康复，所以航天员在太空执行完任务后，每天都会尽量完成锻炼任务，即便回到地球，航天员也要接受各种康复训练，恢复期间要经历严格的检查和休养。

面部浮肿

航天员从地球进入太空，全身血液和体液先向下肢转移，从超重进入失重后，血液又会一下子进入头部，此时航天员会感到头晕。航天员长期处于失重状态后，血液会重新分布，腿部区域血液较少，肢体会慢慢萎缩，而上身和脑部区域血液较多，黏稠度也会增加，直接的表现为面部浮肿，严重的会出现头部发胀。

可能患有辐射病

在浩瀚的太空中充满着各式各样的辐射，其中容易引起细胞突变的是电离辐射，如果航天员在太空期间，遭到了过量的辐射侵扰，他们体内的细胞就可能发生突变。美国登月航天员中，就有约 50% 的人死因与宇宙辐射有关。虽然航天服有着一定的抗辐射作用，而且航天员也会吃点防辐射药物，但谁也不敢保证，在太空执行任务的航天员，能 100% 避开宇宙辐射的威胁。

航天员在太空中进行身体检查

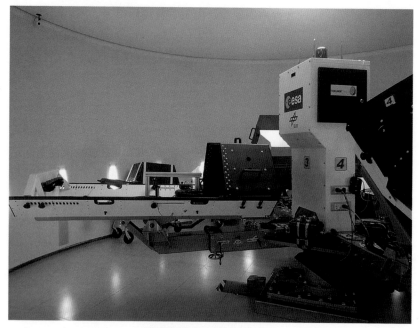

用于航天员生理测试的设备

→ 航天员在太空中如何用水

水是生命之源，任何生命都不能长时间离开水。生活在太空的航天员同样如此。在无水环境的太空中，为了确保航天员生命安全，载人航天器必须为航天员供水。载人航天器内，水的生成、保存和使用都有特殊的处理方式。

一般情况下，载人航天器通常都会设有专门的供水系统，为航天员提供饮用水和卫生用水，并为在轨试验、设备运行提供水资源保障。根据载人航天器型号和任务的不同，其用水来源也不一样。最简单的就是在地面自带水。

除了自带，太空中还可以自产水。载人航天器内使用氢氧燃料电池，直接将储存在燃料和氧化剂中的化学能高效、绿色地转化为电能，同时生成副产物——水。经过过滤、消毒等程序后，航天员就可饮用了。

　　长期太空飞行，用水量很大，除了以上两种渠道，航天员还可对水资源进行回收利用——将航天员呼出的水蒸气通过冷凝水装置回收净化；尿液通过负压引流、水气分离，实现尿液收集，再通过低压蒸馏、深度净化，实现水的再生。

　　航天员在太空中处于失重状态，要想喝到水，就必须通过特殊的办法才能实现。比如，借助贮水箱或者袋装水。载人航天器上所配备的贮水箱和袋装水，就相当于我们日常生活中的桶装水和瓶装水，只是航天员喝水不是"吸"，而是将水挤到嘴里，用劲还不能过猛，否则水就会被挤到空间变成雾状。

　　除了饮用以外，航天员在太空中另一个需要大量用水的活动就是洗澡。

　　由于水是没有重力的，因此在空间中的水会随机漂浮，这些水珠如果飘进航天员的鼻子中，将会导致航天员呛水甚至窒息。目前航天员的主要清洁方式就是使用湿毛巾擦拭身体，因为水虽然失去了重力，但水本身拥有张力，因此它可以附着在毛巾或者皮肤上，在擦拭身体时，感觉与地面上区别并不大。而且航天员并不是只能用水擦拭，空间站一般还配备有免洗沐浴露，只要将其同水混合在一起，就能有效帮助身体进行清洁。而洗澡后产生的废水，将会被空间站中自带的物质循环系统吸收掉，将其过滤提纯后，洗澡废水中的杂质便会被过滤掉，产生的纯净水将再次提供给下一次洗澡使用。

女航天员在太空中喝水

女航天员在太空中洗头

→ 航天员在太空中怎么与地面联系

目前，国外地面控制中心与轨道上的航天员的话音通信，主要采取短波和甚高频两个频段。短波信号是在地球电离层之间来回反射，而甚高频信号是直线传输，发射机和接收机处在一条中间无障碍的直线距离上。

苏联"和平"号空间站的信号通过北大西洋海域的舰载无线电中继站转发给莫斯科控制中心；美国航天飞机的信号通过太平洋海域的中继站转发给休斯敦控制中心。

飞船和空间站一般有两路话音传送信道，其一是工作话音通信，其二是备用线路。前者用于完成飞行任务，后者可在紧急情况下使用。太空飞行期间，地面控制中心对飞行的指令均是通过电话传递的。此外，一些生活电话，如航天员同家人对话，同社会各界名人的对话亦是通过这一渠道进行的。苏联航天员克利穆克和谢瓦斯季扬诺夫在"礼炮"6号空间站生活9昼夜的日子里，莫斯科控制中心曾多次通过电视电话，安排他们与妻子、儿女和亲人对话，以排解其太空生活的寂寞。克利穆克生日的那天，航天中心安排了他与儿子米沙通电话接受了儿子的祝福。1988年9月，苏联"联盟"TM-5号返回地面时，计算机发生故障，航天员通过电话向地面控制中心报告故障情况，请示解决办法。

由于太空电话是短波和甚高频两个频段，使得地面一些无线电爱好者亦可通过收音机监听天地间的对话。因此美苏航天当局还利用许多航天爱好者的好奇心理，开辟了旁听太空电话的特别业务。人们可通过这一电话，旁听航天员和地面控制中心的谈话，了解太空吃饭、体育锻炼、聊天等实况。这种电话与普通电话不同。一是使用时间非常有限，它仅限于飞船或航天飞机

太空中运行的"和平"号空间站

在轨道运行期间，其他时间无法使用；二是使用方式不同，它连接信号后只能拿起电话听筒旁听航天员和地面飞行控制中心的非保密谈话，飞行情况的保密谈话不在此列，也不能同航天员讲话。三是收费标准特别，其收费标准是头一分钟 50 美分，之后每延长 1 分钟再增收 35 美分，旁听时间越长，收费越高。

"和平"号空间站与"亚特兰蒂斯"航天飞机对接

国际空间站任务控制室

→ 航天员在太空也需要进行身体锻炼吗

美国的航天飞机虽然每次执行任务的时间并不长，但它具有内部空间大的优势，同时装备了功率自行车、跑步机、弹性带拉力器等健身设备。

有规律的、持之以恒的锻炼，对肌肉和骨骼都是一种重力刺激，同时因肌体消耗量增加，加强了心血管系统的调节，改变了血液在脏器内的分布，促进了中枢神经系统功能的协调。因此，对于长期失重状态下提高工作能力，防止心血管功能失调、骨质脱钙、肌肉萎缩等都有明显的效果。长期飞行的航天员每天的运动时间一般不少于2小时。

航天员要按照航天医生的指导交叉地进行不同的运动。不同的运动器械锻炼的侧重点不同，如弹性带拉力器结构简单、重量轻，主要锻炼手、躯干和腹部的肌肉，可以有效地预防一些肌肉群的萎缩和力量减弱，但对整个人体调节功能的作用较小；功率自行车对防止心脏和骨骼肌质量的下降及呼吸功能的降低有一定作用，可增加循环血量，改善组织器官的血液供应；跑步机可进行较好的全身性运动，与地面跑步机不同的是它增加了弹性束缚带，可施加一定的压力将航天员束缚在跑步机上以模拟重力的影响，航天员在跑步机上相当于在正常重力环境下进行运动，锻炼了骨骼肌，并压迫骨骼，促进了骨重建。企鹅服是一种个体防护装备，也可以看作一种锻炼工具，它是苏联早年设计的一种对抗失重效应的特殊连体服装。服装的夹层中，按照人体工程学的原则排列了一系列的弹性橡胶条，在人体各相关部分之间形成了一定的张力，航天员平时就可穿着，这样，在失重条件下执行操作或活动时就有了力的效应，对身体相关部分的肌肉也起到了刺激和锻炼的作用。

除了锻炼器械以外，还有一些对抗失重影响的防护装具，如下体负压装置、大腿弹性环带、抗荷服等，在飞行的不同阶段使用，对于调节体液分布、改善血液循环等都有一定的积极作用。

飞行工程师在空间站内使用计算机

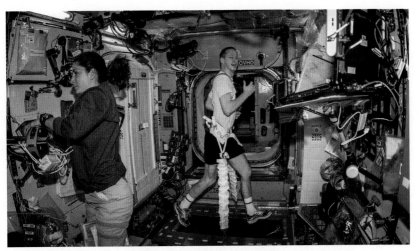

航天员在空间站内进行身体锻炼

→ 为航天员配备的个人救生装备有什么用

　　载人飞船上为航天员准备了个人救生装备，但它并不是在飞行过程中使用的。整个飞行过程中，它都会处于封存的不工作状态，救生装备只是在航天员返回过程中遇到意外情况时才会使用。

　　正常情况下，飞船应该在主着陆场或作为气象备份的副着陆场着陆。主着陆场和副着陆场都配置了先进的跟踪测量通信设备，并配备了直升机和专用车辆，并且由指挥控制人员、医生和工程技术人员组织成专门的搜索救援队伍。由于事先有返回舱理论着陆点的预报，飞船启动返回程序后又一直处于严密的动态监测之中，所以返回舱着陆后，搜索分队会及时抵达现场，接应返回地面的航天员。

　　但是从保证整体任务完成和航天员安全的角度出发，必须考虑可能发生的意外情况，尤其是逃逸救生或应急返回情况下返回舱有可能在陆上或海上应急救生区域着陆或溅落。由于存在诸多不确定因素，地面救援人员未必能及时赶到，这时，航天员应该具有在相对恶劣的环境条件下自我生存和自救的能力。航天员个人救生装备就是为发生这种应急情况而准备的。

航天员个人救生装备包括呼救用品、医疗急救用品、生存物品和防御武器等。

呼救用品是用来进行联络和发送呼救、示位信息用的。远距离使用的有个人呼救电台、GPS 定位仪和"全球通"移动电话；近距离使用的有求救和定位用的信号枪、闪光标位器、太阳反光镜、光烟信号管和海水染色剂等。

医疗急救用品包括急救药包、蛇伤自救盒、蚊虫驱避剂等。

生存物品包括救生口粮、救生饮水、食盐、指北针、抗风火柴、引火物、防尘太阳镜、渔具等，还包括水上溅落后，如果在不得已的情况下需要离开返回舱而使用的救生船、抗浸防寒漂浮装备等。

防御武器主要用于必要的防卫，包括手枪、多用途刀具等。

为了培养航天员在恶劣的自然环境条件下临危不惧、顽强的自我生存的毅力和自救互救的能力，熟悉不同自然环境条件下的生存方法，以及熟练掌握各种救生装备、救生物品的使用方法，所有航天员在训练期间都要参加各种条件下的陆地、水上生存训练，并通过考核。

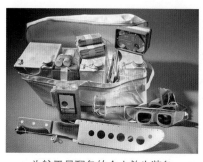 

为航天员配备的个人救生装备　　　　博物馆中展出的航天员救生装备

→ 航天员会将细菌和病毒带进太空吗

目前，太空中的载人环境卫生条件有限，如果诸如细菌和病毒这类微生物被航天员带入太空，入驻了载人航天器，那么很有可能会污染航天员在太空中的生活环境，导致航天员生病，严重时可能需要提前终止任务，让航天员返回地面接受治疗。

　　为了减少航天员将这些外在的微生物带到太空，在航天员进入载人航天器前，首先要进行检疫。检疫通过后，在起飞前的 7 ～ 10 天，航天员还要进行医学隔离，以尽量减少携带一般微生物登上太空的可能。

　　当在太空中发现下面这些情况时，航天主管部门将终止生病航天员的太空飞行，并要求整组航天员整机返回或者要求个别航天员乘运输飞船返回地面：

　　（1）航天员不能承受航天中所遇到的物理环境因素，出现严重不良反应，且久久不能恢复。

　　（2）用于医学监督的遥测、通讯系统功能故障又不能快速恢复，导致地面的医学监督人员不能及时掌握航天员的身体状况。

　　（3）航天员患重病，在太空中进行了临时医治，但不能恢复，对完成特定的航天任务产生了影响。

　　（4）储备的生活必需品和医疗用品发生变质或储备不足，对航天员的健康和生命安全构成了威胁。

　　（5）遇到意外的太空环境变化，例如，遇到强大的宇宙射线或其他飞行物撞击航天器，影响甚至威胁到了航天员的生命安全。

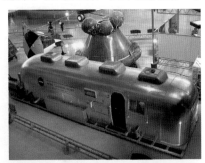

展览中的"阿波罗"11 号移动隔离设施

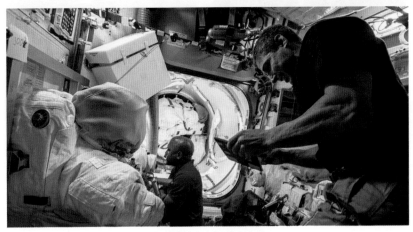

航天员正在空间站内工作

航天员进行抽血检查

航天员在空间站内测试生物医学监测服

→ 进入发射场后，航天员需要做些什么

航天员进入发射场后，为保证身体始终处于最佳的体能和执行任务状态，仍要坚持进行一些体能训练和技术训练。训练内容主要包括以下

几种。

（1）生理测试。主要包括心电、体温、血压、心率、体重测试，以及简单的内科、外科、神经科、五官科检查，等等。如果即将执行任务的航天员过于兴奋、激动，或者紧张、忧虑，都会出现微小的生理变化。如果第一梯队人选在身体检查中出现异常情况，就有可能被后备梯队换下。

（2）体能训练。航天员进入发射场后，要进行保持身体状态的体能锻炼。

（3）熟悉发射场设施。航天员要熟悉紧急撤离滑道下面的出口，从出口到地下安全掩蔽室的通道，以及地下安全掩蔽室的设备和通往技术区的电缆通道等。一旦出现紧急情况，如果救援车不能及时赶到发射区，航天员可以从地下电缆通道快速撤离到技术区的安全地带。

（4）联合测试。测试时，航天员要像真正执行飞行任务那样，身着舱内航天服，从整流罩的登舱口进入飞船。一切准备就绪之后，火箭开始模拟起飞，航天员要完成整个飞行过程中的关键操作动作，并及时汇报完成情况。航天员在舱内的面部表情和全部活动都有摄像记录，并实时传送到地面指挥系统。执行飞行任务的所有梯队人员都要进行这项技术测试。

在发射前 4 个小时左右，航天员会开始进餐。为了保证航天员的饮食安全和营养均衡，他们的每一餐都会由专门的营养师来调配。而发射前的这一餐除了要营养均衡之外，还要注意选择不刺激航天员肠胃的食物。

到达发射台后，在飞船舱内航天员还要进行各种准备工作，如话音通信、连接航天服管线等。一切准备工作就绪后，等待他们的就是飞船发射的神圣时刻了。

准备送往太空的航天员

航天员作发射前准备

→ 航天员进行太空行走时"背包"里装的是什么

由于太空为微重力环境，航天员进行太空行走时会处于漂浮状态，如果想在太空移动身体，只能用手握住一个一个的扶手向前移动，或者使用特制的身体移动工具，这种移动工具的正式名称是"载人机动装置"。这是一种使用喷嘴喷出高压气体的推动装置，可以推动航天员的身体朝一定方向移动。而航天员进行太空行走所使用的太空机动装置就藏在身后的"背包"里。

国际空间站航天员身后的"背包"被称为便携式环控生保系统，而航天员所使用的载人机动装置则是便携式环控生保系统上的一个模块。这种"背包"的外形有点像汽车座椅的靠背，它高 127 厘米、宽 83 厘米、厚 69 厘米、重 150 千克。

载人机动装置以氮气为推进剂，推进器的喷口装在"靠背"的两个侧柱上。上下、左右、前后，每个方向上都有 4 个喷口。每个推进器可以产生的推力为 7.6 牛。装满氮气的"靠背"重量达 150 千克，加上航天员及生命保障系统，总重可达 295 ～ 335 千克。如果按 335 千克计算，同方向上的 4 个推进器一起工作，可以使航天员获得 75 千米 / 时的速度。

载人机动装置的控制有手控和自控两种方式。只要一按控制按钮，航天员就可以向任何方向转动和前进，同时还可以精确定位身体。一旦身体定位好以后，航天员启动自动姿态保持功能，即可保证在太空操作过程中身体不发生移位。

为了保证航天员的安全，载人机动装置中推进系统的管路都是双重的，以便在发生故障时航天员能够自救和返回航天飞机。

1984 年 4 月 10 日，美国"挑战者"号航天飞机上的两名航天员首次太空回收（修理）卫星成功。在这个过程中，载人机动装置帮助航天员在太空中行动自如，并且进行了许多精密操作。

航天员为舱外活动作准备

身背载人机动装置的航天员

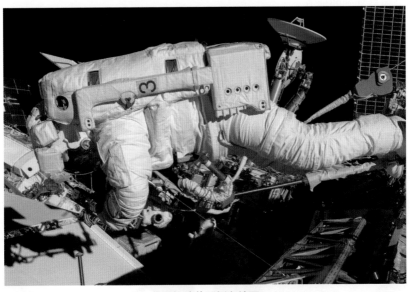

载人机动装置侧方特写

→ 航天员去太空会携带手枪是真的吗

对载人航天飞船技术的研发，为首的就是苏联，紧跟其后的则是美国。此后，世界各国不断将航天员送出地球，但奇怪的是，不管哪国航天员在执行任务的时候都会带上一把手枪。对于这个问题，最早还得从苏联说起。

早期苏联航天员飞入外太空之后回归地球降落时，由于当时的定位技术并不准确，导致其降落在了一片原始丛林，遇到了狼群，本身习惯于佩戴枪支的苏联航天员为了自保使用了枪支，冒险从中逃脱出来，也就是在那之后，航天员的身上都会佩戴枪支来进行返程的自保，以防遇到危险。

据专家介绍，航天员每携带一样东西进入太空都是经过深思熟虑的，不是想带什么就带什么的，每一样东西都有它的作用。手枪也是科学家们在经过认真研讨之后，才要求配给他们的，而且还要放在身上最显眼、最容易拿到的地方。

随着科技的发展，人类设计出了不同于地球表面的作战枪支——太空枪。这类枪的最大特点就是专门让航天员在外太空使用，并配备了三个枪管，以便满足不同的需求。第一个用于发射照明弹，这对夜晚降落的航天员提供了视线引导，并且也会告知宇航局自己所处的位置信息。第二个用于发射普通的手枪子弹，这对于刚从宇宙回来的航天员来说，可以在关键时刻保护自己的生命。最后一个则用于发射猎枪弹，也就是最直接的，遇到危险的动物时可以射杀，保证自己安全脱身。

博物馆中保存的 TP-82 航天员生存手枪

TP-82 航天员生存手枪及其子弹

→ 航天员在太空可以喝酒吗

美国航天局约翰逊航天中心发言人丹尼尔·霍特曾表示："国际空间站上的航天员不允许喝酒。在国际空间站上，酒精和其他挥发性化合物的使用受到控制，因为它们的挥发物可能对该站的水回收系统产生影响。"为此，国际空间站上的航天员甚至没有被提供含有酒精的产品。

1985 年 UFAA 开展的关于酒精在不同海拔高度影响的研究中，研究人员得出结论：酒精的影响与海拔高度无关。无论参与测试的人员在什么海拔高度喝酒，其酒精测量仪的读数都是一样的。他们的行为表现受到的影响也相同，但如果提供给测试人员的是安慰剂，则身处高空比身处海平面的行为表现要更差一些。这表明，无论是否摄入酒精，海拔高度都可能对心理产生轻微的影响。而国际空间站禁止享用啤酒等有大量泡沫的饮料，可能有另一个原因：没有重力的帮助，液体和气体会在航天员的胃里不停地翻滚，导致他们不断地打嗝。

尽管有严格的规则，但这并不意味着太空中的人类不会接触发酵液体。在国际空间站上进行了大量有关酒精的实验——但没有发生让众人去饮酒的情况，所以没有人真正了解在太空中人体对酒精具体有怎样的反应。

虽然美国航天局对太空中酒精的使用有严格的规定，但在这方面俄罗斯似乎更为宽松。在其"和平"号空间站上，俄罗斯航天员允许喝点干邑和伏特加。

尽管国际空间站要求禁止饮酒，但奇怪的是，酒精饮品仍然能通过各种方式出现在国际空间站上。2015 年，日本酿酒公司将一些获奖的威士忌运送到国际空间站，参与一项旨在验证"能否通过利用微重力环境增强酒精饮料醇厚性"的实验。

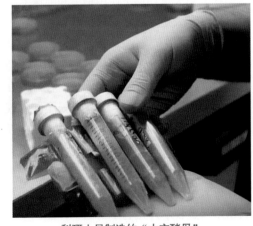

科研人员制造的"太空酵母"

航天员手持装有伏特加的包装管

→ 航天员在飞船上为何不能用铅笔写字

众所周知，太空中没有重力，航天员在那里生活 3 个月，工作和生活上的方方面面都与地球上存在很大差异，除了专门的服装、食物等，就连写字的笔也是专用的，我们常见的钢笔、铅笔都不能用。

在太空失重环境下使用钢笔和圆珠笔会失灵，甚至出现漏墨的情况。虽然铅笔在太空可以正常写字，但航天员之所以不能使用，是因为铅笔在书写的过程中，有一个致命的缺点，那就是容易折断。在太空书写的过程中，虽然没有了重力或者压力问题，但是摩擦的过程中依然会产生大量粉末，这些粉末会和航天员一样悬浮在空中，甚至进入人眼、鼻腔以及周围仪器的缝隙中，这些都是不能忽视的威胁。而且铅笔在纯氧的环境下属于易燃物品，国外就曾在太空中发生过铅笔引发的失火意外，所以，它是不被允许在太空中使用的。

为了确保航天员的安全，美国航天局决心研制一款没有安全隐患、适合在太空中使用的笔。美国费舍尔公司意识到这是一个巨大的商机。其创始人费舍尔开始着手研制一种能满足美国航天局各方面苛刻要求、能在真空状态下使用的书写工具。他自投资金 200 万美元，没有任何政府资助，经过长时间的研制，终于在 1965 年发明出了一种密封的、有压力的圆珠笔，称之为"太空笔"。这种笔使用气压式、全密封设计笔芯；笔尖圆珠采用超硬碳化钨材料制成，与笔身精密结合，正常使用时绝不脱落。该笔独特的充气储油结构，装有超黏触变性油墨，很难使其褪色，稳定性很强。特殊结构的设计，使得太空笔的使用范围更广，任意失重、水下、真空、极寒（零下 40 摄氏度甚至更低）、极高温（143 摄氏度甚至更高）等条件下它都可以书写而不会对笔本身造成损坏，并且笔芯可回收，对环境污染较小。

航天员使用的太空笔

太空笔局部特写

航天员在任务期间使用太空笔进行书写

→ 航天员在太空怎么用电

进入空间站之前，航天员们主要待在飞船中。一般来说，载人飞船可以采用太阳能发电、核能发电、燃料电池和蓄电池等方式供电。采用哪种方式供电，要根据载人航天器的用电功率大小、在太空停留时间的长短和使用条件等因素来决定。

航天器所需的电能大都来自自备的发电站。以载人航天器为例，其发电站有太阳能发电、核能发电、燃料电池供电和蓄电池供电等方式，采用哪种方式供电，要根据载人航天器要求的用电功率大小、在空间停留时间的长短和使用条件等来决定。宇宙飞船需要太阳能帆板和蓄电池协同工作，在光照区，用太阳能帆板一边给宇宙飞船供电，一边为蓄电池充电。宇宙飞船飞行时，在光照区用太阳能帆板发电、供电，在阴影区用蓄电池供电。

电源是宇宙飞船和航天员安全的一大保障，尽管飞船上搭载的电子设备很多只是偶尔需要电力供应，但也有一部分设备是必须确保为其不间断供电的，比如信号接收机和发射机必须时刻处于通电状态，而如果是载人飞船，那么生命维持系统和照明系统也同样是不能关闭的。

宇宙飞船在设计上对电源的要求是"一次故障正常，二次故障安全"，即当电源出现一次故障时，宇宙飞船完全能够正常飞行，一旦出现第二次故障，就要有足够的电源保证地面上的指令能传递到宇宙飞船上，指示航天员操控飞船立即返回地面。

一般情况下航天器的电源系统会占到整个航天器质量的大约30%，并且一般可以分解为三大部分：发电系统、储能系统、电源管理及分配系统。这些系统对于飞船来说绝对是必要且关键的。而为了适应飞船的特殊使用条件，它们在质量和设计上会有一系列严苛的要求。它们的质量必须足够小，以便提升所谓的"能量密度"，也就是说它必须能够在足够小的体积内产生足够强大的电力。

供电系统不仅必须满足每一件飞船搭载设备的电力使用需求，它还必须确保在整个飞船的使用寿命内能够持续提供这样的电力支持——这样的时间可能是几年、几十年甚至上百年。

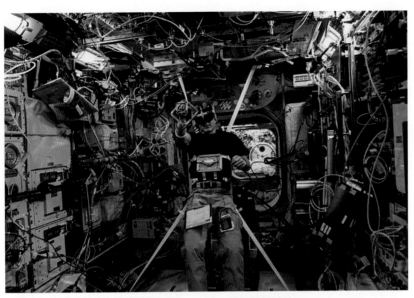

航天员在国际空间站内进行抓握试验

航天员将太阳能帆板运到组装点

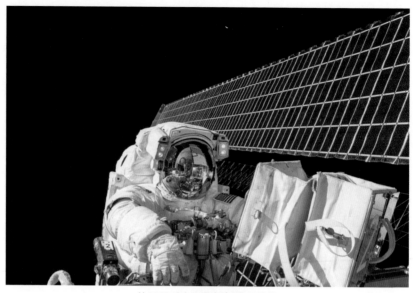

航天员对太阳能帆板进行维修

→ 载人航天时，航天员位于火箭哪个舱段

载人飞船发射时，航天员都坐在火箭的返回舱内。

航天员进舱是发射程序中的一项重要工作。进舱时间非常讲究，过早不行，过晚也不行。航天员进舱一般是在各系统状态稳定、主要功能检查完成后进行，要尽可能接近火箭点火时间，以降低航天员风险。进舱时间早了，航天员等待时间过久，心理上可能产生紧张情绪，排便、排尿、饮水需求也将随时间延长而增加；但也不能过晚进舱，以免影响发射塔飞船舱段工作平台的撤收，且进舱后，航天员还要完成各种准备工作，时间仓促容易忙中出错。因此，航天员进舱一般选择在点火前2～3小时。

航天员进舱的时候，操作人员先把火箭上的航天员进出舱口（大约1.2米宽、1.2米高）打开，再把里面飞船上正对着舱口的返回舱口打开，让航天员在操作人员的协助下进入舱内。进舱后，航天员首先要入座，检查舱内状态，然后连接通信和数据传输插头，连接航天服的通风、供氧软管等，再检查航天服气密性，还要给座舱配气、检查天地通话、检查飞船仪表板显示等，最后调节束缚带的松紧度，等待发射。当所有状态确认正常以后，操作人员依次关闭返回舱口盖和整流罩上的舱口，并锁上。

为了保证航天员能够进入太空和安全地返回地面，载人飞船一般设有结构分系统、生命保障分系统、热控制分系统、姿态控制与轨道控制分系统、推进分系统、无线电通信与测控分系统、电源分系统、仪表与照明分系统和返回着陆分系统等多个分系统。其中生命保障分系统、应急救生分系统、仪表与照明分系统等是载人航天器特有的，因而其比无人卫星复杂得多，也是人类航天技术的一次突破性飞跃。

即将被送往太空的航天员

"联盟" TM-31 号飞船被送往发射台

→ 航天员在太空中主要负责哪些工作

由于航天员在太空中的任务很多，不可能在一次飞行中完成所有的任务，所以每次飞行都有自己的侧重点。每次飞行的任务量与航天员在太空中的停留的时间有很大关系，飞行时间少的，工作内容就少。

在设计航天飞机时，已经确定它在太空中一次飞行时间不超过两个半星期。航天飞机上的航天员在这时期的主要工作有以下几个。

保证航天飞机的正常运行

航天员在太空的首要任务是要保证航天飞机的正常运行，这样才能执行其他的任务。例如，要进行航天器控制的常规操作，维修航天飞机生活舱或工作舱内的仪器、仪表系统，定期向地面通报航天器运行状况和自身的身体状况等。

释放卫星和回收卫星

航天员在太空可以释放卫星或利用航天器上的机械臂将有故障的卫星"抓"回来，进行维修。航天飞机有史以来发射的最有名的卫星当属"哈勃"太空望远镜。航天飞机后来曾经三次回到太空为"哈勃"更换部件。在更换部件前，一名航天员必须用航天飞机上的机械手将它捕获，运送到有效载荷舱内。航天员进入有效载荷舱，爬上哈勃太空望远镜，安装新部件。当地面控制人员确信哈勃望远镜运行状态良好后，再由机械臂将它释放回太空。

进行科学试验

航天员在太空可以利用空间的特殊环境，进行很多科学实验，具体地说，包括以下三部分内容。

（1）空间生命科学试验：观察航天员在失重环境下机体出现的生理、生化变化，探讨其机理和验证防护措施的有效性；研究动物和植物在太空环境中的生长、发育和变异等。

（2）空间科学的研究：航天员在航天器上可以操作各种观察和测量设备，对地球环境、太阳、月球面、地球磁场、电离层、大气层等进行深层次的观察与研究，通过载人航天器上的天文望远镜，进一步揭示天体的真实面貌。

（3）对地球进行观察：航天员利用远离地球的有利条件，可对地球表面进行全面的观察、摄影和光谱测定。通过这些工作，收集有关地球自然资源、地质地貌、大气层状态、耕地季节变化、世界海洋变化、水生生物状态、沙漠植被作物覆盖、森林的覆盖与储量等信息。

太空生产

可以利用太空独特的失重环境，研究、加工和生产在地球上不能生产的、性能优良的新材料和新产品。航天员在天上操纵"合金"和"结晶"的电加热炉，制取纯度非常高的半导体材料，它们的经济价值很高，估计每千克价值可达 100 万美元。太空生物制药可以大大提高药品的纯度和产量。推测目前能在太空生产的药品多达三四十种。在太空中药物一个月的产量相当于地球上同样设备 20 年的产量。

组装空间站

国际空间站是有史以来规模最庞大、设施最先进的"人造天宫"。国际空间站总质量可达 400 多吨，相当于两个足球场大小。这个庞然大物是不可能在地面组装好发射到太空的，它采用的是桁架挂舱式结构，即以桁架为基本结构，增压舱和其他各种服务设施挂靠在桁架上，形成桁架挂舱式空间站。组装国际空间站的任务落到美国航天飞机和俄罗斯联盟号航天员身上。他们必须将组装的部件送上太空，并进行舱外作业，将它们组装起来。

"阿波罗" 12 号航天员在登月途中拍摄的地球照片

"阿波罗" 12 号航天员为核辅助发电机安装燃料组件

155

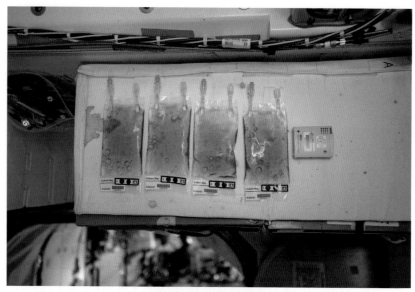

用于微藻研究的培养袋

→ 哪些人可以进入太空

目前的航天员可大致分成三类：一是空军飞行员或试飞员，能够驾驶、维修航天器，承担科研、生产任务的专业人员。二是在太空专门从事科研的科学家、工程师和医生。三是借助太空环境开展工作的记者、教师等人和太空游客。其中，针对第一类航天员的选拔标准和训练要求最为严格。

选拔这类航天员的过程包括医学检查、心理测试和航天环境耐受能力选拔。接受医检者须住院一段时间，专家将用一系列先进技术对其心血管系统、维持身体平衡的前庭功能、视觉系统等进行检查，不合格者被淘汰。有时，被检查者的配偶也要接受相应的特定检查。心理测试中，专家将着重了解被检测者的感知能力、记忆力、注意力、反应灵活性和判断的准确程度。之后，这些人还要在转椅、秋千、离心机、抛物线飞行和低压舱实验等项目中接受前庭反应、超重耐力、失重反应、缺氧耐力、震动耐力、高温耐受性等方面的检查。

　　通过选拔的人只是具备了第一类航天员的基本素质，要想成为第一类航天员还须通过系统训练。这些训练包括：1 基础理论培训，如学习天文、地理、大气物理、飞行力学、无线电导航、火箭和航天器构造等；2 特殊环境训练，如利用中和浮力模拟池进行失重训练，借助隔离舱进行航天生活环境训练，用弹射座椅、救生塔实施救生训练，置身森林、海水、沙漠锻炼生存能力；3 模拟飞行训练，如在低真空的航天器模拟舱中熟悉操作内容，进行从起飞到着陆的全部飞行科目训练，将飞行程序和其他类别的操作综合起来训练，如在飞行中与地面通信联络，应对紧急状态和故障。

　　第二、第三类航天员的选拔、训练要求会参照上述内容有所降低。比如，不要求他们具有飞行技术，第二类航天员的训练时间可以降至 1 年半左右。而首位太空游客蒂托的训练科目所用时间只有 900 小时。

　　2002 年，15 个国际空间站计划参与国共同制定了非职业航天员赴国际空间站考察、旅游的原则。该原则没有规定非职业航天员的最低培训时间，但却指出，这类人员必须身体健康、心理素质良好，具有一定的英语、俄语听说能力，无犯罪记录。

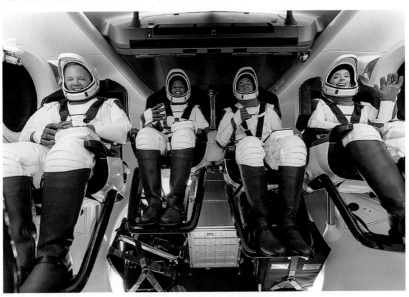

由私人公司组织的太空旅游

登上国际空间站的美国教育家——理查德·R. 阿诺德

→ 航天员在太空生存的生命保障系统有哪些

　　生命保障系统是载人航天中使用的,为使人能够在外太空生存的一系列设备的总称。美国国家航空航天局的载人航天飞行中也常称之为环境控制与生命保障系统(ECLSS)。生命保障系统可以提供生存所需的空气、水和食物,并可以维持合适的身体温度与压力,同时可以收集或处理代谢中产生的废物。生命保障系统也必须能够屏蔽来自外部的有害影响,例如:射线和微星体。生命保障系统中的所有组件都关乎生命安全,所以都是基于安全工程学进行设计的。

　　一个正常体形的乘员每天需要消耗总重约 5 千克的氧气、水和食物,才可以完成标准太空飞行任务一天所需工作;与此同时,他也将排泄出多种代谢终产物。大致消耗拆分如下:0.84 千克的氧气、0.62 千克的食物和 3.52 千克的水;并经过身体处理转化成 0.11 千克固体排泄物、3.87 千克液体排泄物和 1.00 千克二氧化碳。虽根据每天活动内容不同,上述指标也不尽相同,但都将按照消耗品储备状况进行安排。一般来说,一次太空飞行中所需水量为额定值的两倍以考虑非生理用水(比如个人清洁)。而且根据任务持续时间的不同,产生废物的数量和种类也有不同,如果任务时间超过一周，一般会包含毛发、指甲、皮肤碎屑和其他生理废物。尽管不像代谢参数变化对人产生反应那样迅速，但太空中的其他环境因素，比如辐射、重力、噪声、震动和照明，也都会影响人的生理反应。

生命保障系统所提供的环境空气主要包含：氧气、氮气、水、二氧化碳和其他微量气体，各成分气体气压的代数和为空气气压值，这个值一般为 101.3 千帕，即海平面标准大气压。但如果相应增加氧气的气压值，空气气压值也可进行显著降低（比如在舱外活动时降低 25~26 千帕），较低的气压可以简化飞船的结构设计，并减少气体损失。一般降低空气气压有两种方法：一种是保持氧气比率不变减少空气气压；另一种是允许氧气浓缩并减少空气气压。

水的用途是用于乘员饮用、清洁、舱外活动时温控和其他紧急使用。因为水在太空探索中是不可原位取得的资源，所以必须对水进行高效的储存、使用和回收（包含废水）。

生命保障系统通常包括了室内植物培育系统，即可以在室内与容器中栽培食物。通常此系统的设计目的是重复利用所有可重复利用的营养物质。这个系统的现实例子是：降解厕所，使用降解厕所可以降解废物（排泄物）并将其中可利用的营养物质通过处理之后，制作食物并再次利用。

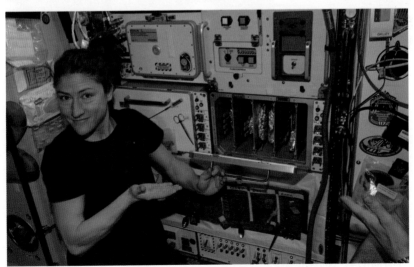

航天员在空间站的厨房制作美食

航天员使用的太空厕所

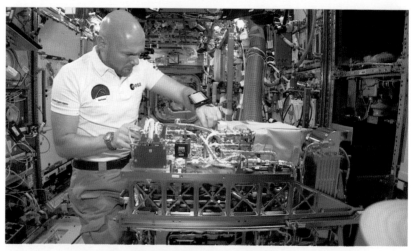

航天员正在安装生命保障系统

→ 航天服与普通的衣服有什么不同

　　航天服是保护航天员在太空不受低温、射线等的侵害并提供人类生存所需的氧气的保护服。

航天服的氧气罐会为航天员提供氧气。而航天员排出的二氧化碳则由氢氧化锂所吸收。航天服的表层有阻隔辐射的功用。航天员的体温则由一套贴身内衣调节，这件内衣布满水管，水泵不断把水循环，把航天员身体所发出的热带走，而水则由升华器所冷却。航天服最后一个重要功用，是为航天员提供所需的气压（约等于半个标准大气压强 52 千帕）；如果气压过低，人体血液及身体组织内的气体会离开，使航天员患上类似潜水员常有的潜水病（在真空的情况下，航天员会由于血液瞬间"沸腾"而死亡）。

航天服一般分两种：舱内航天服和舱外航天服。

舱内航天服是航天员在载人航天器座舱内使用的，一般是在发射时和返回地球时穿用，一旦座舱发生气体泄漏和气压突然变低时，舱内航天服便会迅速充气，从而保护航天员的生命安全。

舱外航天服是航天员出舱活动、进行太空漫步时使用。舱外航天服的结构非常复杂，它具有加压、充气、防御太空射线和微陨星袭击的作用，里面还有通信系统及生命保障系统。现在广泛使用的舱外航天服有美国的 EMU 航天服和俄罗斯的海鹰航天服两种；至于中国最初引进俄罗斯的海鹰航天服，后来在海鹰航天服的基础上改进并生产了飞天航天服给航天员使用。

身穿奥兰航天服的航天员进行舱外活动

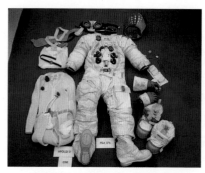
"阿波罗"任务中使用的航天服

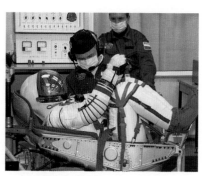
航天员试穿充气的航天服

→ 航天员进行舱外活动时需要注意什么

舱外活动也称太空出舱活动，是航天员在离开地球大气层后于太空飞行器外所做的工作。舱外活动主要在绕行地球的太空飞行器外执行，但也可以在月球表面进行。

舱外活动分为系绳和不系绳。当执行系绳活动时支援生命所需机能，如提供氧气，被称作"脐带式"。

航天员在进行舱外活动时会遇到多种突发情况，例如与太空废弃物的碰撞。在距离地表 300 千米处的轨道速率为 7.7 千米 / 秒。这是子弹飞行速度的十倍，所以质量只有子弹百分之一大小的微粒（比如漆料的碎片或一粒细砂）拥有的动能相当于一颗子弹。每次任务都会制造很多轨道废弃物，因此这类问题将会持续恶化。

其次，任务执行前难以模拟实际的太空环境，因为舱外活动具有一定的危险性，当发现问题或偶尔执行操作任务时，舱外活动通常晚于计划规划的时间。虽然在压力下选出的航天员都具备高度稳定性，然而他们仍旧是人，舱外活动时产生的高风险终究会给航天员带来心理上的压力。

其他可能的问题包含太空行走者与太空飞行器分离或遇到航天服破损而可能使其失压，此时如果航天员没有立即进入增压太空舱，他将面临缺氧，之后便会迅速死亡。

　　截至目前，舱外活动未曾发生过灾难性事件，也没有航天员为此丧命。然而，仍有科学家在开发外部部件建设用的遥控机器人，以尽可能减少人类进行舱外活动的需要。

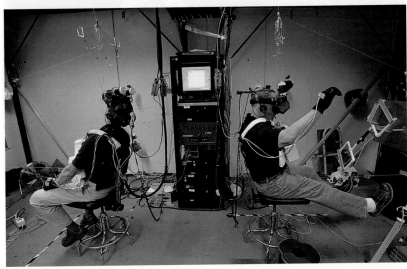

航天员进行太空行走训练

航天员为国际空间站安装桁架

没有系绳的舱外活动

→ 航天员在太空工作需要克服哪些困难

宇宙空间是不适合人类生存的极端恶劣的环境，而航天员在太空工作需要克服环境因素和心理因素带来的双重困难。

辐射

地球外层的辐射环境包括电磁辐射和电离辐射。一般来说，电磁辐射（如无线电波、微波、红外、可见光、紫外光等）贯穿物体的能力很差，对人体伤害较小。而电离辐射可以直接或间接地使物质电离或激发，因此其贯穿物质的能力很强，它能使物体材料及生物细胞受到损害，对载人航天有较大的影响。载人航天的实践证明，在近地球轨道较短时间的飞行，若没有太阳耀斑的发生，只需谨慎地计划好发射的时间，辐射对航天员的危害便可以忽略不计，在航天中所监测到的航天员辐射剂量远远低于为航天员制定的个人剂量限值。同时，在400千米的低轨道飞行时，太阳质子事件也不会引起航天器舱内辐射剂量率的增加，因此目前的近地球轨道飞行辐射，对航天员健康影响不大。但是，在今后的星际航行中，航天员在太空中停留时间长，宇宙射线辐射剂量增加，加上失重对人体的影响更大，辐射和失重的复合效应将会严重危害到航天员的健康，甚至生命。

大气环境

近地大气环境为人类的生存提供了必要的氧气、温度、压力环境，并可以防止辐射和微流星体对人体的危害。在进行航天活动时，载人航天器多在 200～500 千米的空间飞行，在这个范围内，大气的环境为真空状态，温度可高达 1000 摄氏度以上，这种恶劣的环境是不适合人生存的。但是，航天器中设计了一套完整的航天器环境控制和生命保障系统，它提供了一个符合人体要求的压力、气体浓度和温度的大气环境，可以确保航天员在舱内和舱外活动时的安全、健康和高效工作。所以，从目前来看，防止航天大气环境对人体产生危害的问题已基本解决。

振动

载人航天中，振动伴随着航天的整个过程。在航天器的上升阶段，振动主要是由于火箭推进系统和气动力产生的，振动的强度很大；轨道飞行阶段，振动是来自于环境控制与生命保障装置的动力系统，由于航天员这时处于微重力的"悬浮"状态，直接接触到振动的机会大大减少，所以振动对航天员的影响很小；在航天器的返回阶段，除了受到返回过程中的气动与气动力产生的振动外，当飞船降落到水面时，航天员也会受到水中振动的影响，此阶段的振动强度也很大。

噪声

航天噪声的产生与航天器振动的产生相似，也分为三个阶段。上升段的噪声包括火箭发动机产生的喷气噪声及通过湍流附面层时造成的空气动力噪声，"阿波罗"飞船在发射后 60 秒时噪声最大，舱外噪声约为 162 分贝，舱内座椅处为 125 分贝。轨道段的噪声主要来源于生命保障系统的设备、电子设备及姿态控制推力设备，轨道段的噪声小，持续时间长，在地面允许水平内。返回段的噪声是附面层的湍流产生的动力噪声，其声压级与发射段最大动力区噪声相当，只是高强度噪声会保持较长一些时间。在航天中，由于对航天器舱内噪声规定了限值要求，并对航天员采取了良好的个人防护措施，因此航天噪声对航天员的影响是很小的。

乘员舱的化学污染

载人航天器的乘员舱是一个典型的密闭环境，舱内存在着有害的化学污染物质，它的主要来源是人体的代谢产物，舱内非金属材料的脱气和热分解产物，舱内仪器设备运转时释放的或设备系统故障时泄漏的物质。在正常飞行条件下，航天器舱内的环境控制与生命保障系统可以使污染物不致超过允许水平。40多年的载人航天实践表明，这个系统的设计是成功的，从未发生过重大的毒理学问题。

在太空中，航天员是生活在航天器的舱内，这种密闭的舱体将人与宇宙空间隔离，舱内有效的环境控制和生命保障系统，为航天员创造了一个较舒适的生活和工作环境，因此除星际航行时的辐射问题外，其他因素对航天员健康无明显的影响。

除此之外，随着飞行任务的复杂化，乘员不断增加，导致空间站乘员人际关系和心理状态越来越复杂，处理也越来越困难，从而造成航天员的心理障碍，这也会影响航天员的工作和健康。

自载人飞行以来，最长的飞行时间是一年，在飞行中美国和苏联都采用了多种措施来防止航天员的心理障碍的发生，使航天员的心理问题没有严重地影响到航天任务的完成，但飞行中不少航天员仍会出现心理障碍，主要表现在思乡病、恐惧症和人际关系等方面。心理障碍对航天员的健康和工作效率也有影响，尤其在长期航天中的影响更大。因此，人类在征服宇宙的过程中，不仅要解决动力、运输方面的问题，也要解决航天员社会心理学方面的问题。

"阿波罗" 12号航天员为舱外活动做演练

航天员在模拟登月舱内进行训练

→ 航天员训练项目有哪些

　　航天员训练项目分八大类，即基础理论训练、体质训练、航天环境适应性训练、心理训练、专业技术训练、飞行程序与任务模拟训练、救生与生存训练及大型联合演练。

　　基础理论训练目的是使航天员了解载人航天的专业基础知识和相关领域的科学知识。

　　体质训练是在航天员训练的各阶段均占有大量的训练课时，其目的是保持和提高航天员的体能素质和健康水平。

　　航天环境适应性训练包括前庭功能，超重耐力适应性、失重飞机飞行、跳伞、航空体验飞行、飞船着陆冲击等训练，目的是使航天员了解飞船轨道飞行的环境特点，提高对外层空间环境的适应能力。

　　心理训练包括心理咨询、心理表象训练、放松训练及心理相容性训练等，目的是使航天员进一步提高自我认知和自我调节能力，以塑造其完善的人格和良好的心理素质。

专业技术训练作为航天员职业训练的主要内容，包括专业基础理论和专业技术操作等，目的是使航天员全面系统地了解载人航天工程总体概况，并熟练掌握首次载人航天飞行所必须具备的各种技能及专业知识。

救生与生存训练包括直升机吊救、着陆出舱、野外 (沙漠、丛林等) 生存、发射前紧急撤离等训练，目的是提高航天员在发射前与返回后两种情况的个人救生与生存能力。

飞行程序与任务模拟训练包括飞行文件学习、飞行程序模拟器训练等内容，使航天员在接近真实的飞船座舱环境中进行正常飞行程序训练和各种应急与故障模式飞行程序训练，通过该项训练，航天员可以进一步熟悉和掌握载人飞行任务和飞行程序，并能够综合运用和巩固各种专业技术知识和操作技能。

大型联合演练包括发射场紧急撤离演练、人—船联合测试、人—船—地联合测试和人—船—箭—地联合检查等项目，参加大型联合演练是航天员执行载人飞行任务的前提，也是对航天员训练成果的综合检验。

航天员进行地质训练

航天员在模拟空间站内进行训练

航天员在航天中心接受训练

航天员进行舱外活动训练

→ 飞船返回地面后，航天员为何需要被抬着出来

航天员返回地面后，一般都是由工作人员把他们从返回舱中抬出来，放到担架或者椅子上，由航天医生搀扶护送到检查车里，甚至连欢迎仪式都是坐在轮椅上完成的。

众所周知，与地球相比，太空环境最大的特点就是失重，环境十分恶劣。人类在航天过程中要经受各种无法想象的困难，例如巨大的加速度、噪声、震动、失重、太空辐射等。在地球上，我们身体的骨骼和肌肉发挥支撑作用，能抵抗重力，但若长期待在失重的环境里，人处于一种漂浮状态，由于缺乏运动和重力，身体的负担变得极小，人类身体骨骼和肌肉的质量便会急速下降，出现萎缩现象。骨头和肌肉严重受损的航天员们，返回地球后不仅要重新抵抗重力、承受自身的体重，而且还要支撑起重达几十斤的舱内服。

除此之外，长时间在太空失重环境下，航天员的大脑前庭系统会出现紊乱。航天员返回地球的时间非常短，前 10 ～ 15 分钟处于黑障区超重状态，除了听到航天器共振等噪声，航天员基本与世界完全失联。再经过 10 ～ 15 分钟后降落到地球，在如此短的时间内，人体大脑会认为自己仍处于完全失重的状态下，一时之间无法调整回对空间方位和重力影响的适应。因此，站立行走对于航天员来说，是一件非常危险且致命的事情，所以他们才不得不让人抬出飞船。

返回舱在着陆后，航天员需要先在舱内静静地等待。地面搜索人员会立即奔向返回舱着陆地点，检查返回舱的外观情况。若外观良好、烧蚀正常，即可打开返回舱的舱门。

打开舱门后，科研人员会对返回舱的气体、微生物等进行采样，方便展开后续研究工作。医护人员则会对航天员们的身体健康进行初步诊断，询问他们的身体感受，帮助航天员们进行一些体能恢复。

以上两步工作完成后，还是不能立马出舱，需要在座舱内停留一段时间，适应地面的重力环境。真正出舱后时，航天员们也依旧无法站立，需要坐在轮椅上完成接下来的工作安排。

飞船返回舱正在着陆

航天员安全返回地面

171

航天员被抬着出舱

→ 地面人员是如何监测航天员的身体状况的

在早期的航天活动中，航天员的身上带着一个类似医院中检查病人24小时心电图的装置，它可以实时监测航天员飞行中心电、心率、血压和呼吸的改变。这个装置在航天医学的研究中立了大功，它可以使研究者们了解到失重对人体到底有多大的影响，打消了一些人认为人不能在失重环境下长期生活的疑虑，并为航天医学的研究提供了很多宝贵的数据。这种装置可以使航天医生及时地了解航天员飞行中的变化，对航天员的健康状态做出及时的判断，保证了航天员飞行中的健康和安全。但这种装置也有它的缺陷，如体积比较大，戴在身上不方便；记录的指标有限，功能局限性较大；无法用在其他方面没有软件分析系统，只能将收集到的数据带回地面，或通过遥测方法发回地面进行分析。因此，研制一种新型的航天员飞行中的生理指标的记录和处理装置迫在眉睫。

美国宇航局天体仿生学技术项目的负责人约翰·黑尼斯第一个提出研制 CPOD（航天员飞行中生理指标的记录和处理装置）的设想，他希望能更方便地监视太空中航天员的生理信息。在斯坦福大学格雷格·克瓦克斯教授和美国航天局工程师的领导下，现在已经研制出一种可以记录和分析飞行中航天员生理变化的 CPOD 装置，它与飞机上的黑匣子很相似。CPOD 主要用于监测航天员的心脏功能、血压、呼吸、体温和血液含氧量，使用三种微型加速计来跟踪人的活动。例如，它可以判断航天员是在奔跑、旋转还是摔倒。

　　CPOD 是一种多功能、小巧玲珑、易携带的装置。一个 CPOD 只有鼠标大小，可以戴在腰间。睡觉的时候也可以戴着它，不会影响睡眠。记录生理指标时，传感器的电极不需要植入人体，也不需要与其他设备相连，就可以记录指标的变化。重要的是航天员进行日常工作的时候并不影响记录，仍可以得出准确的数据。在航天员返回后，CPOD 仍然可以采集着陆后 8 小时内的数据。另外，它可以及时地将数据无线传递到其他设备。如果将它里面的传感器更换一下，还可以记录到研究者所需要的其他参数，所以 CPOD 用途很广。

　　由于 CPOD 具有非常多的优点，因此它不仅可以用于太空中，也可以应用到地球上。例如将 CPOD 应用到事故现场，急诊医师可以很快了解受伤者的身体情况，做出相应的治疗；将 CPOD 用到消防中，CPOD 就能监视救火战士血液中的含氧量；将 CPOD 用到临床上，内科医生可以跟踪手术或吃药后病人的反应，及时做出治疗方案；使用 CPOD 也可以了解潜水员身体情况和登山运动员竞技水平发挥的情况；CPOD 还可以帮助监测大气污染情况；等等。

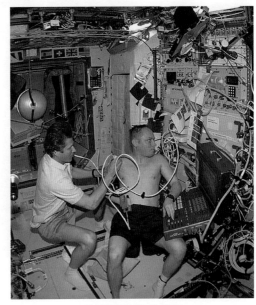

航天员进行身体检查

航天员参加医学培训

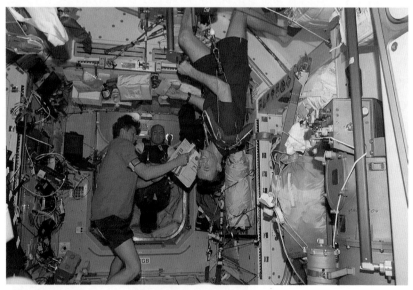

航天员在失重情况下进行锻炼

➔ 为何太空行走训练要在水下进行

　　航天员在太空出舱活动，俗称太空行走。太空行走、航天员天地往返以及航天器交会对接并称载人航天的三大基本技术。在轨道上组装航天器，开展太空维修等工作，都需要通过航天员太空行走来完成。但是，太空行走是一项难度很大、要求很高的工作，航天员必须穿着笨重的舱外航天服，在身体飘浮的状态下，完成各种精细的操作。在失重状态下开展各种空间作业，与地面的情形迥然不同，航天员必须掌握复杂的、全新的失重操作技能。

　　训练航天员掌握在太空失重环境下的操作技能，就必须在地面创造一个人工的失重环境，即模拟失重环境。利用大型飞机通过抛物线飞行，每次可以创造几十秒的失重。这种失重环境非常接近太空的失重环境，但是由于持续时间太短，远远不能满足动辄数小时的太空行走训练。为了解决这个问题，水下训练应运而生。航天员穿着类似舱外航天服的水下训练服，利用配平技术，使自己在水中的浮力和重力相等，重心和浮心重叠，以特定的角度和姿势悬浮在水中。在模拟失重的大型水槽内，放入开展空间作业所用的航天器模型及工具，航天员在蛙人的协助下，全程练习太空中的作业。这种训练对航天员来说非常辛苦，因为水下训练航天服要模拟在太空中鼓胀的舱外航天服的工作状态，水下训练航天服里面也同样有气体的压力，每个操作动作都要克服压力作用，几小时的训练结束后，航天员都会精疲力竭。

　　尽管这种悬浮状态与真正的失重环境还有很大差别，水下训练时还存在水的粘滞力，但进行过太空行走的航天员普遍反映，水下训练的感觉和太空还是很相似的。通过水下训练，航天员能够很好地掌握太空中的操作技巧，因此它是航天员进行太空行走必不可少的训练项目。

航天员进行太空行走训练

航天员在水下进行训练

水下搭建的模拟空间站

在太空环境中人真的会长高吗

苏联航天员尤里·洛玛曼科 43 岁时，在空间站生活了 326 天后回到地面时，身体竟长高了 1 厘米。这个消息不禁让人好奇，在太空环境中是否能让人再次长高？

众所周知，人的脊柱骨由 33 块骨头组合而成，其中绝大多数骨头中间由椎间盘所分隔，椎间盘是一种坚韧的纤维组织，起保护脊柱的缓冲作用。在太空，由于地心引力对脊柱的影响不复存在，脊柱骨因为得到舒展而延伸，所以在太空生活了一段时间后，人会长高。

虽然失重环境中，人体可以"长高"7 ~ 8 厘米之多，不过这种"长高"不仅会在航天员返回地球时被打回原形，而且也容易导致航天员脊柱疼痛，甚至引发腰椎间盘突出。

除了长高以外，在太空失重的环境下，航天员的身体还会发生其他变化。长期在太空中生活会给航天员的肌肉、骨骼带来一系列负面影响。人体失重后，作用于腿骨、脊椎骨等承重骨的压力骤减，同时，肌肉运动减少，对骨骼的刺激也相应减弱，骨骼血液供应相应减少，在这种情况下，成骨细胞功能减弱，而破骨细胞功能增强，使得骨质大量脱钙，这些钙经肾脏被排出体外。

骨钙的丢失会导致两个后果：骨质疏松和增大发生肾结石的可能。长期失重还可能使对抗重力的肌肉出现萎缩，航天员在长期的航天飞行中加强肌肉锻炼可以延缓这种肌肉萎缩，回到地面重力环境中后，积极进行肌肉锻炼可以逐步使肌肉萎缩得到一定的恢复。

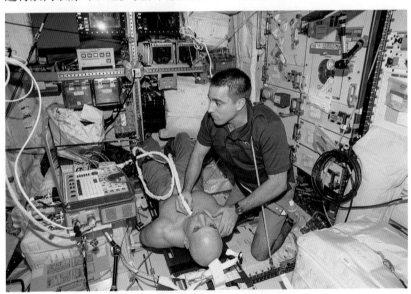

航天员在空间站用超声波对脊柱进行成像

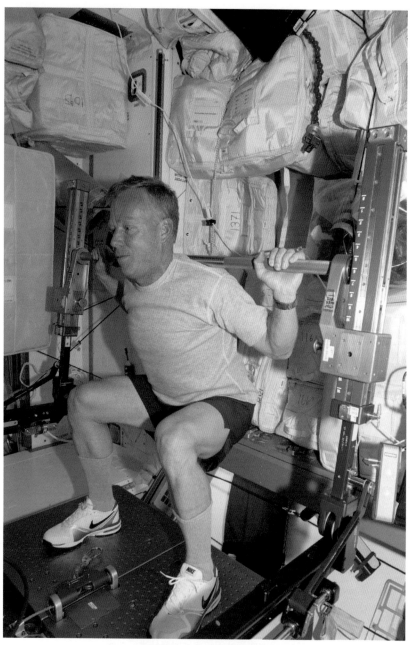

航天员在太空进行身体锻炼

第 5 章
无人航天器篇

　　无人航天器是指世界上研制与发射的各种类型的人造地球卫星、空间探测器和货运飞船。用途为太空运行,执行探索、开发、利用太空和天体等特定任务,无人航天器除了特殊用途需要返回地球外,一般是不回收的。它们在完成特定的航天任务后,一般会落入地球大气层烧毁,或是在太空中漫游形成太空垃圾。

→ 概述

　　无人航天器是航天器的一种。它的出现使人类的活动范围从地球大气层扩大到广阔无垠的宇宙空间，促进了人类认识自然和改造自然能力的飞跃，对社会经济和社会生活产生了重大影响。

　　航天器在地球大气层以外运行，摆脱了大气层阻碍，可以接收到来自宇宙天体的全部电磁辐射信息，开辟了全波段天文观测的新环境；航天器从近地空间飞行到行星际空间飞行，实现了对空间环境的直接探测以及对月球和太阳系大行星的逼近观测和直接取样观测；环绕地球运行的航天器从几百千米到数万千米的距离观测地球，迅速而大量地收集有关地球大气、海洋和陆地的各种各样的电磁辐射信息，直接服务于气象观测、军事侦察和资源勘察等方面；人造地球卫星作为空间无线电中继站，实现了全球卫星通信和广播，而作为空间基准点，可以进行全球卫星导航和大地测量；利用空间高真空、强辐射和失重等特殊环境，可以在航天器上进行各种重要的科学实验研究。

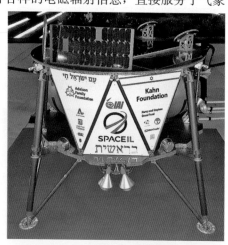

以色列"创世纪"号月球探测器全尺寸模型

　　无人航天器与载人航天器的结构不同，载人航天器中必须要有人活动的较大空间，要有人所需要的一套环境控制系统和生命保障系统，结构密封性能一定要好。还要有返回地球所需要的装备，即再入返回系统。而无人航天器就没有这些设计要求。

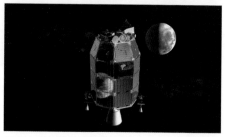

月球大气与粉尘环境探测器在太空运行构想图

"火星极地着陆者"探测器

美国货运"龙"C208 号飞船

→ 人造地球卫星由哪些系统组成

人造卫星是发射数量最多、用途最广、发展速度最快的航天器。苏联第一颗人造地球卫星的发射成功，揭开了人类向太空进军的序幕，大大激发了世界各国研制和发射卫星的热情。第一颗卫星上天是历史上最引人注目的科学事件。

人造卫星一般由专用系统和保障系统组成。专用系统是指与卫星所执行的任务直接有关的系统，也称为有效载荷。应用卫星的专用系统按卫星的各种用途可分为通信转发器、遥感器、导航设备等。科学卫星的专用系统则是各种空间物理探测、天文探测等仪器。技术试验卫星的专用系统则是各种新原理、新技术、新方案、新仪器设备和新材料的试验设备。保障系统是指保障卫星和专用系统在空间正常工作的系统，也称为服务系统，主要有结构系统、电源系统、热控制系统、姿态控制和轨道控制系统、无线电测控系统等。对于返回卫星，则还有返回着陆系统。

人造卫星的运动轨道取决于卫星的任务要求，可将其分为低轨道、中高轨道、地球同步轨道、地球静止轨道、太阳同步轨道、大椭圆轨道和极轨道。人造卫星绕地球飞行的速度快，低轨道和中高轨道卫星一天可绕地球飞行几圈到十几圈，不受领土、领空和地理条件限制，视野广阔。能迅速与地面进行信息交换，包括地面信息的转发，也可获取地球的大量遥感信息，一张地球资源卫星图片所遥感的面积可达几万平方千米。

在卫星轨道高度达到 35 800 千米，并沿地球赤道上空与地球自转同一方向飞行时，卫星绕地球旋转周期与地球自转周期完全相同，相对位置保持不变。此卫星在地球上看来是静止地挂在高空，称为地球静止轨道卫星，简称静止卫星，这种卫星可实现卫星与地面站之间的不间断的信息交换，并大大简化了地面站的设备。绝大多数通过卫星的电视转播和通信就是通过静止通信卫星实现的。

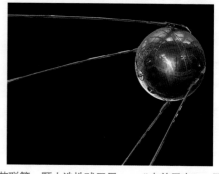

苏联第一颗人造地球卫星——"史普尼克"1号

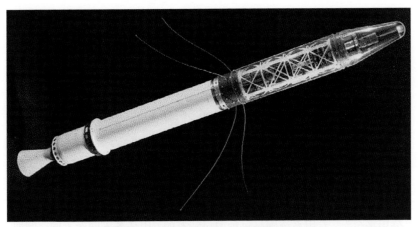

美国第一颗地球人造卫星——"探险者"1号

美国地球之眼卫星公司发射的第一颗人造卫星——"地球之眼"1号

→ 人造卫星之间有哪些共性

　　虽然人造地球卫星的种类繁多，用途各异，但是它们之间也存在不少共性，主要有以下几个方面。

183

一是它们的飞行都要遵循开普勒的三大定律。

二是人造地球卫星在太空飞行中确实占据着得天独厚的优势，能完成我们赋予它的许多任务，但是它们自己不能飞上天，都需要由运载火箭或航天飞机发射到太空，以获得第一宇宙速度，这样才能成为人造地球卫星，环绕地球飞行。

三是尽管卫星的用途不同，但是它们都是由公用系统和专用系统两大部分组成。公用系统是每个卫星都必须具备的系统，它包括结构系统、热控制系统、姿态和轨道控制系统、数据管理系统、无线电测控系统、电源系统等，所有这些公用系统的集合叫作卫星平台，它类似一辆未装货的汽车。有时用一种卫星平台可以组装多种卫星，这种卫星平台就叫"公用平台"。专用系统则是每种卫星特有的，因任务不同而不同，例如，通信卫星要有转发器；气象卫星和地球资源卫星要有不同种类的遥感器。我们常把这些用于完成特定任务的系统称为"有效载荷"。

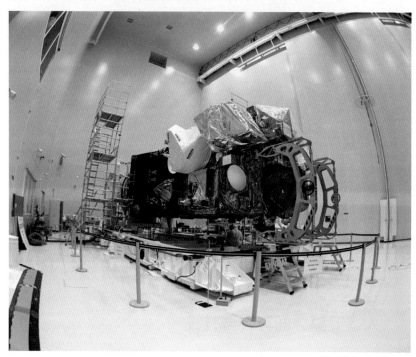

在航天中心进行测试的欧洲环境卫星系统

保存在博物馆中的"陆地卫星"4号模型

在太空运行的欧洲环境卫星

→ 人造卫星是如何返回与回收的

绕地球运行的卫星返回地面时，根据它们所受阻力和升力的大小不同，通常有三种不同的返回轨道：一种是弹道式返回轨道，这种卫星再入大气层后，只产生阻力；第二种是半弹道式返回轨道，卫星再入大气层后，除产生阻力外，还有部分升力；第三种为升力式或滑翔式返回轨道。我国的返回式卫星采用的是弹道式返回轨道方式。

为了使卫星在太空完成使命后能安全地返回地面，首先要求运载火箭有很高的控制精度，不仅能准确地把卫星送到预定轨道，而且当卫星完成使命等待回收时，能处于预定的回收区上空；其次，对低轨道返回式卫星来说，由于受大气阻力和地球形状等的影响，轨道会发生偏离。因此，必须精确地计算出卫星返回落地的时间和落点的经纬度，并向卫星发射各种控制指令；最后，更重要的是，在卫星进入返回轨道后，卫星必须能按地面指令准确地调整成返回地面所需要的姿态，并按预定程序使旋转火箭、反推火箭依次点火、分离，然后弹射和打开降落伞。否则，失之毫厘，差之千里，在过载很大的气动力作用下，卫星返回地面时，将可能产生较大的落点偏差，甚至造成意想不到的后果。

此外，卫星在返回过程中，还必须闯过三关。第一是要过振动和过载关。当卫星以高速进入稠密大气层中，强大的气动阻力将使卫星受到巨大过载的冲击。在返回过程中，卫星的结构和各种仪器设备要经受得住反推火箭工作时产生的剧烈振动。第二是要过火焰关。当卫星以近 8 千米 / 秒的速度穿越稠密大气层时，因摩擦而产生近万摄氏度的高温。为了不使卫星被烧坏或化为灰烬，卫星的防热层结构必须具备能耐这种高温的防热和耐热性能。第三是过落地的防撞关。

卫星按预定程序打开降落伞后，降落速度虽受到阻滞，但接近地面时仍具有每秒几百米的速度，只有当降落伞的减速和卫星的减震装置能有效地保证安全回收时，卫星才不致被地面撞得粉身碎骨。

欧洲"普罗巴"5 号技术演示卫星

"依巴谷"号高精视差测量卫星　　　　　　"依巴谷"号科学研究团队合影

什么是卫星轨道

　　卫星轨道就是卫星在太空中运行的轨迹。具体来说就是卫星在太空中围绕着它的"主体"运行的时候所形成的路径，一般都是椭圆形的。通常情况下，这个轨道相对于其"主体"是固定的。卫星轨道平面与地球赤道平面的夹角叫"轨道倾角"，它是确定卫星轨道空间位置的一个重要参数。轨道倾角小于 90 度为顺行轨道，轨道倾角大于 90 度为逆行轨道；轨道倾角为 0 度则为赤道轨道；轨道倾角等于 90 度，则轨道平面通过地球南北极，亦称"极轨道"。人造地球卫星绕地球运行，当它从地球南半球向北半球运行时，穿过地球赤道平面的那一点叫"升交点"。所谓升交点赤经，就是从春分点到地心的连线与从升交点到地心的连线形成的夹角。近地点幅角、半长轴、偏心率、倾角、升交点赤经和近地点时间这六个参数合称为人造地球卫星轨道的六要素。

　　人造地球卫星在轨道上的每一个位置都会在地球表面上有一个投影，这叫"星下点"。所有星下点连成的曲线叫"星下点轨迹"。由于地球自转，所以星下点轨迹不只一条。相邻两条轨迹在同一纬度上的间隔正好等于地球在卫星轨道周期内转过的角度。根据星下点轨迹，可以预测卫星什么时候从什么地方上空经过。在航天指挥中心大厅的大屏幕上，常可以看到上面显示的一条条星下点轨迹。相对于地球表面，星下点轨迹在不断平移。

第 5 章

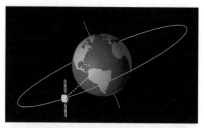
运行在地球静止轨道上的航天器

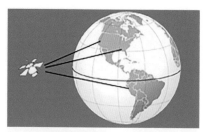
地球静止卫星运行在地球轨道上

→ 卫星的有效载荷指的是什么

空间站任务是通过航天器来完成的，而航天器在太空中完成任务、实现功能的标志是产生符合任务要求的输出。航天器的有效输出主要是有效载荷的输出。航天器平台内的各分系统一般是从不同的角度和方面，为产生直接输出的有效载荷，或为平台内其他分系统提供服务和支持的。卫星有效载荷是卫星在轨发挥最终航天使命的最重要的一个分系统。卫星有效载荷的种类很多，即使是同一种类型的有效载荷，性能差别也很大。卫星有效载荷因不同的航天任务而异，在现阶段主要是进行科学探测的仪器和进行科学实验的设备。

返回型卫星返回舱的有效载荷包括回收的信息载体、材料或制品。遥感卫星的有效载荷包括多光谱扫描仪、红外扫描仪、合成孔径雷达、微波辐射计、微波散射计、雷达高度计、超光谱成像仪以及遥感信息的数传设备。通信卫星的有效载荷包括通信转发器和天线。导航卫星的有效载荷包括卫星时钟、导航数据存储器及数据注入接收机。侦察卫星的有效载荷包括可见光胶片型相机、可见光 CCD 相机、雷达信息信号接收机（信道化接收机、测向接收机）和天线阵及大幅面测量相机等。

单一用途的卫星，一般装有一种或两种有效载荷。多用途卫星，一般装有几种有效载荷。随着航天技术的不断发展，有效载荷也在逐步向低功耗、小质量和小体积的方向发展。对于对地观测卫星而言，把多种遥感器安装在一颗卫星上去完成不同的任务，是提高效费比的主要发展趋势。安装不同有效载荷的卫星就是多用途卫星，如资源侦察卫星、环境气象卫星、导航定位卫星等。

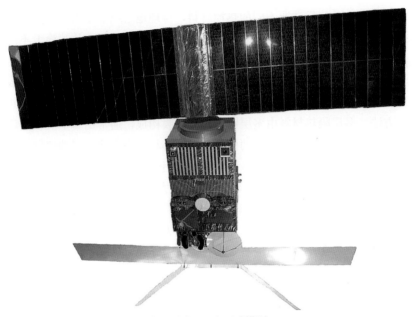

欧洲遥感卫星全尺寸模型

重力回溯及气候实验卫星

月球坑观测和传感卫星运行概念图

→ 怎样对卫星进行热控制

　　卫星的热控制手段可以分为被动式和主动式两类。

　　所谓被动式热控制就是在对卫星进行热控制时不需要消耗能量，只需要在卫星的内外表面及仪器设备上采取相应的措施就可以达到热控制的目的。它是依靠选取不同的热控材料，合理地组织卫星内外的热量交换过程。例如，采用喷涂的办法，在卫星外表面的不同方位喷涂上不同性能的漆，使卫星表面的吸收率和辐射率达到一个最佳的配比，从而使卫星吸收太阳的热量与向外辐射的热量达到平衡。也可在卫星表面采取抛光或电镀的办法，来提高它的辐射率。多层隔热是最简单的被动式热控方法。多层隔热材料由多层镀铝聚酯薄膜构成，通常用真空沉积法将铝镀到聚酯膜的正面或正反两面。多层隔热材料将需要保温的仪器包扎起来，便能达到保温目的。另外，还可以用热管把发热量大的仪器的热量传导到不发热的仪器上。被动式热控制最大的好处是简单、经济、可靠，但其热控制精度稍低，控制的范围有限，本身没有自动调节温度的能力。

主动式热控制是用主动加热或降温的方法来达到热量的平衡。主动式的热控制方法比较简单的有：①在卫星内部加电热丝系统。该系统由电热丝、温度敏感元件和恒温控制器组成，具有结构简单、使用方便、控制精度高等优点，既可以用于整舱的主动热控制，也能用于个别仪器的温度调节，但这种方法需消耗卫星上的宝贵电能。②在卫星的表面安装可活动的百叶窗。百叶窗主要由热敏动作器、叶片和底板组成，利用百叶窗可调节内部的温度。③流体循环换热。对于大型的、发热量多的卫星或其他航天器，要设计一套复杂的流体循环换热装置才行，即在卫星的各个部位和仪器上采用热收集器，收集的热量通过导管中液体的流动被带到一个热交换器上，再由热交换器把热量传到热辐射器，通过热辐射器把热量辐射到空间。

在大多数情况下，卫星上会同时采用被动和主动两种方式联合工作，以确保温度控制的可靠性和高效率。

带有遮阳装置的"信使"号探测器

进行热测试的"帕克"太阳探测器

第 5 章

詹姆斯·韦伯太空望远镜的遮阳罩全尺寸测试

→ 现代通信为何要借助卫星

卫星数据传输技术的广泛应用已经深刻地改变了现代通信方式。通过卫星数据传输，信息可以在全球范围内快速、稳定地传递，大大提高了通信效率和质量。现代通信需要借助卫星的主要原因包括以下几点：

（1）卫星通信覆盖区域大，通信距离远。因为卫星距离地面很远，一颗地球同步卫星便可覆盖地球表面的 1/3，因此，利用 3 颗适当分布的地球同步卫星即可实现除两极以外的全球通信。卫星通信是目前远距离越洋电话和电视广播的主要手段。

（2）卫星通信具有多址连接功能。卫星所覆盖区域内的所有地球站都能利用同一卫星进行相互间的通信，即多址连接。

（3）卫星通信频段广，容量大。卫星通信采用微波频段，每个卫星上可设置多个转发器，故通信容量很大。

（4）卫星通信机动灵活。地球站的建立不受地理条件的限制，可建在边远地区、岛屿、汽车、飞机和舰艇上。

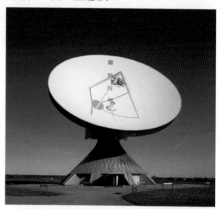

位于德国巴伐利亚赖斯廷的卫星地面站

（5）卫星通信质量好，可靠性高。卫星通信的电波主要在自由空间传播，噪声小，通信质量好。就可靠性而言，卫星通信的正常运转率达 99.8% 以上。

（6）卫星通信的成本与距离无关。地面微波中继系统或电缆载波系统的建设投资和维护费用都随距离的增加而增加，而卫星通信的地球站至卫星转发器之间并不需要线路投资，因此，其成本与距离无关。

安装在公寓大楼内的星展卫星天线

→ 卫星地面站是做什么的

自 1957 年第一颗人造地球卫星升空以来，人造卫星即被广泛应用于通信广播、电视等领域。1965 年第一颗商用国际通信卫星被送入大西洋上空同步轨道，开始了利用静止卫星的商业通信。

卫星通信系统由卫星和地面站两部分组成。卫星在空中起到中继站的作用，即把地面站发上来的电磁波放大后再返送至另一地面站。地面站则是卫星系统与地面公众网的接口，地面用户通过地面站出入卫星系统形成链路。地面站与航天器通过传送或接收超高频率或极高频率频段（例如：毫米波）的无线电波来达成通信的目的。

任何一条卫星通信线路都包括发端和收端地面站、上行和下行线路以及通信卫星转发器。可见，地面站是卫星通信系统中的一个重要组成部分。地面站的基本作用是向卫星发射信号，同时接收由其他地面站经卫星转发来的信号。

专业化的卫星地面站被用来与人造卫星（大多为通信卫星）进行电波通信。其他的地面站则与载人空间站或无人太空探测器进行通信。一个主要用来接收电波资料或对准人造卫星的地面站，被称为卫星追踪站。

当一个人造卫星进入地面站的视野中时，便称其为可看见卫星。对人造卫星来说，一次与多于一个的地面站通信是有可能的。而当两个地面站共享与人造卫星即时、畅通的视线接触时，便称其具有共同视野。

德国的卫星地面站

库鲁航天发射中心现场的加利奥特卫星地面站

→ 影响人造卫星的因素有哪些

根据研制任务书及合同规定而设计的卫星在运行轨道上应该达到的正常工作时间，是卫星的重要技术指标之一，对它的要求在卫星研制任务书和合同中均要做明确的规定。卫星的设计寿命必须大于卫星在轨工作寿命。

在卫星设计中，应充分采用经过飞行试验考验的成熟技术及其延伸技术，合理分配并使用成熟技术和新技术。同时应开展可靠性设计，采用高可靠性的元器件，剔除早期失效的元器件；降额使用元器件，提高元器件的可靠性；采用冗余技术，防止单点失效造成整星故障。卫星的各类产品，必须按规定进行各种地面试验，将问题暴露在地面上，使卫星不带问题上天。只有认真贯彻执行各种技术措施，方能保证卫星的设计寿命要求。

目前，地球静止通信卫星的设计寿命一般可达 8～10 年，最高设计寿命已达 15 年。近地轨道对地观测卫星设计寿命一般为 2～5 年。

影响人造卫星的因素有哪些。

（1）卫星本身。卫星正常功能的发挥，需要卫星本身各系统都能正常工作，而卫星各部件都是有寿命的，一旦某一部件过了寿命期，它一出故障就会导致整个卫星失效。所以，人造卫星在设计研制过程中，都要分析各部件的寿命，对于一些寿命较短的部件，可以采取备份的方法提高其寿命，从而提高卫星整体的寿命。

另外，由于生产制造的可靠性因素以及空间环境的作用，一些部件在达到使用寿命之前也可能提前损坏，这就要求提高加工制造精度，并且对一些容易损坏的重要部件实行多余度备份。大型应用卫星需要不断地对轨道和姿态进行调整，以使之能正常使用。轨道调整和姿态保持主要靠火箭发动机，它在不断消耗推进剂。为此，通信卫星等应用卫星也就越来越大，以尽可能携带更多的推进剂，来延长其使用寿命。

（2）空间环境。人造卫星在运动过程中要受到各种外力的作用，包括地球非球形的形状摄动，大气阻力摄动，太阳光压摄动，日、月引力摄动等。这些摄动的影响常常导致人造卫星的轨道形状和大小都发生变化，对卫星的运动轨道在空间的位置和寿命的长短都产生极大影响。此外，空间的重粒子事件也会对卫星部件产生不利作用，导致某些部件失效，为此，必须对一些易受影响的部件进行防护。

（3）轨道因素。一般低轨道卫星寿命都比较短，高轨道卫星寿命相对较长，这主要是因为轨道高度不同，大气产生的阻力不同。提高卫星的寿命，可以大大提升效益，因此在卫星设计制造阶段，要综合考虑影响卫星寿命的种种因素，并事先想办法尽可能消除或削弱不利因素，提高其使用寿命。

在航天中心进行测试的太阳界面区成像光谱仪卫星

英国"天卫"1号卫星

"火星快车"号卫星环绕火星飞行想象图

什么是地球资源卫星

　　地球资源卫星是勘探和研究地球自然资源和环境的人造地球卫星，属于对地观测卫星（遥感卫星）。卫星所载的多光谱遥感设备获取地物目标辐射和反射的多种波段的电磁波信息，并将其发回地面接收站。地面接收站根据各种资源的波谱特征，对接收的信息进行处理和判断，得到各类资源的特征、分布和状态资料。随着遥感技术的发展，采用合成孔径雷达和光学遥感器相结合的地球资源卫星，以及具备了全天候、全天时、高精度的特点。

　　20世纪70年代，由于卫星姿态控制精度的提高，以及新型遥感仪器和高分辨率照相机的出现，专用的地球资源卫星终于出现。虽然与其他许多卫星相比，地球资源卫星出现得较晚，但它的发展却相当迅速。目前许多航天大国都拥有了自己的地球资源卫星系统，为国家带来了很大的经济效益和社会效益。美国在1972年7月发射了"陆地卫星"1号，是地球资源卫星的早期应用实验卫星。

地球资源卫星装有各种遥感仪器。这些仪器按工作波段可分为两类：可见光和红外遥感器，包括机械式多谱段扫描仪、电荷耦合器件阵列、返束光导管摄像机和专题绘图仪等；微波遥感器，包括微波辐射计、微波散射计和合成孔径雷达等。为了获得高质量的遥感图像并实现全球覆盖，地球资源卫星通常会发射到太阳同步轨道上。由于地球资源卫星的遥感仪器与侦察卫星、气象卫星有相似的地方，因此有的国家发展出兼有遥感、侦察、气象等功能的多用途卫星。

地球资源卫星是经济效益极高的卫星，能迅速、全面、经济地提供有关地球资源的情况，对土地利用、土壤水分监测、农作物生长、森林资源调查、地质勘探、海洋观测、油气资源勘查、灾害监测和全球环境监测等地球资源开发与国民经济发展具有重要作用，目前已形成了仅次于通信卫星的第二大航天产业。

美国"陆地卫星"1 号

欧洲 ERS-1 地球资源卫星

日本 JERS-1 地球资源卫星

→ 在地面如何判断人造卫星是否沿预定的轨道飞行

卫星跟踪测轨技术是对飞行中的卫星进行跟踪，而为了完成跟踪测轨任务所搭载的设备就组成了卫星的跟踪测轨系统。

卫星跟踪测量的手段主要有两种：一种是光学测量，即利用望远镜、光学经纬仪、电影经纬仪、高速摄影机、激光测距仪等光学仪器，对卫星进行跟踪测量。这种手段不需要卫星太多的配合，只是观测、记录它的运动情况。由于是光学方法，所以它受卫星的大小和表面反射特性、观测时间、天气的好坏等因素的影响和限制，因此其跟踪的范围有限。

另一种就是无线电测量。它不受天气影响，可以实现全天候跟踪测量，地面通过无线电和卫星建立联系。无线电测轨系统是由星上和地面两部分组成的，星上部分包括发射机、接收机、天线等；地面部分主要指测控站，在测控站内有各种不同用途的雷达、发射机、接收机、天线、数据终端、计算机以及记录显示设备等。这些设备总的来说有两大类，一类用于接收卫星传给地面的信息，另一类用来向卫星发射信号。常用的卫星无线电测轨系统有雷达测轨系统、多普勒测速系统和干涉仪系统。

卫星的轨道是在卫星发射前就设计好的，但那是理论轨道，在卫星发射后真正运行的轨道才会成为实际轨道，实际轨道往往和理论轨道不完全一致，由于各种原因两者总是有偏差。一般情况下，末级火箭的熄火点就是卫星的入轨点，当卫星与火箭分离刚刚进入轨道时，由于我们一直测量火箭的飞行参数，也就知道了卫星入轨点的参数，所以我们称它为卫星的初始轨道参数，或简称为卫星的初轨。

知道了它的初轨后，再连续跟踪一段距离，取得一系列的数据，就能计算出卫星整个的运行轨道，也就是能知道它下一圈在什么地方，以及在什么时刻卫星会飞

运行中的"辉煌"号地球观测卫星

到什么地点的上空，这就是卫星的轨道预报。再经过一段时间轨道调整，卫星就能进入预期的运行轨道。

卫星在长期运行中，由于受到地球引力、大气阻力、太阳和月球引力的影响，它的轨道会产生微小变化，这种变化称为"轨道摄动"，因此对轨道要不断地跟踪测量，必要时还要进行轨道修正和保持。

"史普尼克"1号卫星环绕地球飞行

运行中的"哨兵"2号卫星

→ 月球探测器是怎样探测月球的

月球探测器探测月球主要有以下几个步骤。

第一步是飞越月球。1959年1月2日苏联发射了"月球"1号探测器，两天后它从距月球6000千米处飞过，首次探访了月球。同年10月7日，"月球"3号探测器在飞过月球时，拍摄了月球背面的第一张照片。随后，美国相继发射了数个月球探测器飞近月球或围绕月球飞行，拍摄了一批高清晰的月面照片。

第二步是用探测器击中月球。1959年9月12日，苏联发射的"月球"2号探测器击中月面，成为第一个到达月面的人造物体。其探测表明，月球没有磁场，月球周围没有辐射带。1964年7月28日，美国"徘徊者"7号在月球云雾海地区硬着陆，用6台电视摄像机向地面传回4308幅月面照片。

第三步是用探测器在月面软着陆。1966年2月3日，苏联发射的"月球"9号首次在月球上的风暴洋软着陆成功，从月球发回一批月球全景照片。美国在1966年5月至1968年1月期间发射了17个"勘测者"号探测器，其中有5个在月面软着陆成功。

第四步是环月飞行。1966年3月，苏联发射的"月球"10号成为第一个绕月飞行的月球卫星，其测量了月球周围辐射和微流星环境。后来发射的"月球"11号、12号、14号、19号和22号探测器，也都成功地进入绕月轨道飞行，对月面进行了电视摄像探测。美国1966年8月至1967年8月发射的5个"月球轨道环行器"，共拍摄了2800多幅高清晰度的月球照片，绘制了98%的月面图，选择了载人登月5个着陆地点。

航天员阿姆斯特朗在月表活动

着陆在月球表面的登月舱 　　　　　"阿波罗" 8 号拍摄的月球表面

→ 太空机器人未来将如何发展

　　太空机器人是一种在航天器或空间站上作业的具有智能的通用机械系统。太空机器人工作在微重力、高真空、超低温、强辐射、照明条件差的空间环境下，它与地面上用的工业机器人有很大差别。在失重条件下物体处于漂浮状态，给太空机器人操作带来种种困难。空间视觉识别以及视觉与手爪的配合较地面更困难。太空机器人需要采用三维彩色视觉系统，以便同时确定物体的位置和方向，还要配备便于更换的灵巧末端操纵器，利用其接近觉、触觉、滑觉传感器配合视觉系统完成各种操作任务。

　　太空机器人在未来主要有以下几个发展方向。

　　（1）向智能机器人方向发展。

　　目前的太空机器人自主性差，需要由地面或宇航员遥控。为了使太空机器人能够灵活机动地适应环境及环境变化，因此就需要提高机器人的自主能力，使机器人具有测量距离、方位，识别物体形状、大小，避开或跨越障碍物等功能，并具有初步学习、分析、判断和决策等智能反应。

　　（2）向小型化、微型化方向发展。

　　近年来，随着微小卫星的兴起，以及微机电系统和纳米技术的出现，现代科学已经能够将电源、传感器、储存与运算器、执行机构等机器人部件集成在一块指甲盖大小的芯片上，构成纳米机器人。在未来的太空战中，它将是一种精巧的、高效费比的太空武器，能起到以弱制强、以小胜大，破坏敌人航天器的作用。

（3）向特种机器人方向发展。

为探测不同天体，需开发能适应不同环境的太空机器人。诸如，能在崎岖不平的类地行星表面行走的机器人；能适应遥远行星零下 200 多度低温环境的冷冻机器人；以及能粘附在航天器上，甚至钻入航天器肚子里的间谍机器人。这些特种机器人虽然结构、功能各异，但它们都是协助人类探测、开发和利用太空的有力工具。

（4）采用先进的、自适应的软硬件技术。

为提高太空机器人的可靠性和灵活性，促进智能化和微小型化，人类正在研究用灵巧的、可变形的材料来代替电动机等执行机构。这些材料有形状记忆合金、压电材料、电流变胶质、电激活聚合物等；机器人的心脏——储存与运算装置将做成嵌埋在结构中的一体的微处理器；在软件方面将开发和应用遗传算法、保密系统、遗传程序和人工神经网络等工具。

航天员配合使用太空机器人执行太空任务

太空机器人在太空工作想象图

→ 对航天器进行姿态控制有什么作用

　　航天器都有自己特定的任务，在飞行时对它的飞行姿态都有一定的要求。比如，通信卫星需要它的天线始终对准地面，对地观测卫星则要求它的观测仪器的窗口始终对准地面。

　　根据对卫星的不同工作要求，卫星姿态的控制方法也是不同的。按是否采用专门的控制力矩装置和姿态测量装置，可把卫星的姿态控制分为被动姿态控制和主动姿态控制两类。

被动姿态控制

　　被动姿态控制是利用自然环境力矩或物理力矩源，如自旋、重力梯度、地磁场或气动力矩等以及他们之间的组合来控制航天器的姿态。这种系统不需要电源，因而也不需要姿态敏感器和逻辑控制电路。主要类型有自旋稳定和环境力矩稳定等，适用于中等指向精度的飞行任务。一般实验性小卫星采用这种控制方式。

主动姿态控制

　　主动姿态控制，就是根据姿态误差（测量值与标称值之差）生成控制指令，产生控制力矩来实现姿态控制的方式。控制力矩来自航天器上的能源，它属于闭环控制系统。主要分类有以飞轮执行机构为主的三轴姿态控制系统、喷气三轴姿态控制系统、地磁力矩控制系统。这类系统基本在每个控制自由度上都配备了姿态敏感器和执行机构，并使用有效的逻辑控制电路，保持卫星本体坐标系能够正确对应某一参考基准的方位。控制精度高，主要用于有效载荷精确指向，如通信、对地观测等。

许多卫星在飞行时要对其相互垂直的三个轴都进行控制，不允许任何一个轴产生超出规定值的转动和摆动，这种稳定方式称为卫星的三轴姿态稳定。卫星基本上都采用三轴姿态稳定方式来控制，因为它适用于在各种轨道上运行的、具有各种指向要求的卫星，也可用于卫星的返回、交会、对接及变轨等过程。

采用主动姿态控制的克莱门汀月球探测器

采用主动姿态控制的哈勃望远镜

采用被动姿态控制的"乌呼鲁"卫星 1 号

→ 如何理解"货运飞船关乎空间站存亡"

货运飞船是一种专门将货物运送到太空的一次性使用的航天器,主要任务是向空间站定期补给食品、货物、燃料和仪器设备等。它是国际空间站补给物资的重要运输工具,也是空间站的地面后勤保障系统。

货运飞船可以通过交会对接向空间飞行器补给货物、提供消耗品和设备,从而延长飞行器的在轨飞行寿命,提高航天员的空间驻留和工作时间,拓展空间飞行器的能力,为空间站上乘员的长期驻留和实现空间站的长期应用提供支持。

货运飞船与空间站对接后,将根据空间站的需求分次进行推进剂补给,从而实现航天员生活用品、维持舱压气体的补给,存储空间实验设备和用品,收集废弃物等。货运飞船在完成任务后一般会坠入大气层烧毁。

一般情况下,货运飞船的具体任务有以下几种。

(1)为空间站提供推进剂和空气补给,运送空间站维修和更换设备,延长空间站的在轨飞行寿命。

（2）运送航天员工作和生活用品，保障空间站航天员在轨中长期驻留和工作。

（3）运送空间科学实验设备和用品，支持和保障空间站开展较大规模的空间科学实验。

俄罗斯的"进步"号货运飞船是人类首个也是历史最为悠久的货运飞船型号，其由过去的"联盟号"载人飞船改装而来。随着俄罗斯空间站补给要求的日益增加，为了能够运送更多的物资，航天专家去掉了"联盟"号飞船上的座椅、环境控制与生命保障、返回着陆和应急救生等与载人有关的系统，以便运送更多的货物。截至2016年12月，"进步"号系列货运飞船已经执行了155次补给任务，其中仅有3次失败，是当之无愧的"金牌快递员"。

俄罗斯"进步"M-52号货运飞船

美国"天鹅座"货运飞船

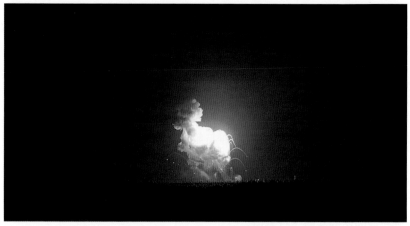

美国"天鹅座"货运飞船在2014年发射过程中发生爆炸

➡ 空间探测器有什么技术特点

空间探测器是在人造地球卫星技术基础上发展起来的，但是与人造地球卫星比较，空间探测器在技术上有一些显著特点，具体如下。

控制和导航

空间探测器飞离地球几十万到几亿千米，入轨时速度大小和方向稍有误差，到达目标行星时就会出现很大偏差。例如，火星探测器入轨时，速度误差为 1 米 / 秒（大约是速度的万分之一），到达火星时距离偏差约为 10 万千米。因此在漫长飞行中必须进行精确的控制和导航。飞向月球通常是靠地面测控网和空间探测器的轨道控制系统配合进行控制的。行星际飞行距离遥远，无线电信号传输时间长，地面不能进行实时遥控，所以行星和行星际探测器的轨道控制系统应有自主导航能力（见星际航行导航和控制）。例如，美国"海盗"号探测器在空间飞行 8 亿多公里，历时 11 个月，进行了 2000 余次自主轨道调整，最后在火星表面实现软着陆，落点精度达到 50 千米。此外，为了保证轨道控制发动机工作姿态准确，卫星通信天线需始终对准地球，并使其他系统正常工作，探测器还需具有自主姿态控制能力。

通信系统

为了将大量的探测数据和图像传送给地面，因此必须解决低数据率极远距离的传输问题。解决方法是在探测器上采用数据压缩、抗干扰和相干接收等技术，还须尽量增大无线电发射机的发射功率和天线口径，并在地球上设置多处配有巨型抛物面天线的测控站或测量船。空间探测器上还装有计算机，以完成信息的存储和处理。

电源系统

太阳光的强度与到太阳距离的平方成反比，外行星远离太阳，那里的太阳光强度很弱，因此外行星探测器不能采用太阳电池电源而要使用空间核电源。

"先驱者" 10 号探测器在太空工作概念图

在太空中运行的 "旅行者" 1 号探测器

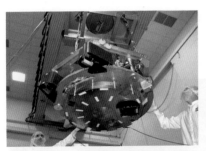

科研人员对"深度撞击"号探测器进行检测

工作人员正在测试"朱诺"号探测器的太阳能电池板

→ 空间探测器的工作内容包括什么

空间探测的范围集中在地球环境、空间环境、天体物理、材料科学和生命科学等方面。从 1958 年开始，人类利用人造卫星、宇宙飞船、空间站和航天飞机等探测手段，对近地空间的环境，如地球辐射带、地球磁层、太阳辐射、极光、宇宙线等进行了探测。凭借它们，人类在宇宙空间的探测方面取得了丰硕成果，所获得的知识超过了人类数千年所获知识总的和。

空间探测既包括对地球空间范围的探测，也包括对月球，行星和行星际空间进行探测。对地球以外的空间探测的主要目的是：研究月球和太阳系的起源和现状，通过对太阳系各大行星及其卫星的考察研究，进一步揭示地球环境的形成和演变情况；认识太阳系的演化，探寻生命的起源和演变历史，利用宇宙空间的特殊环境进行各种科学实验，使其直接为国民经济服务。

空间探测器装有科学探测仪器，执行空间探测任务。空间探测的主要方式有以下几种。

（1）在近地空间轨道上进行远距离空间探测。

（2）从月球或行星近旁飞过，进行近距离探测。

（3）成为月球或行星的人造卫星，进行长期的反复观测。

（4）在月球或行星及其卫星表面硬着陆，利用着陆之前的短暂时间进行探测。

（5）在月球或行星及其卫星表面软着陆，进行实地考察，也可将获取的样品送回地球进行研究。

（6）在深空飞行，进行长期考察。

在太空运行的"黎明"号探测器

在航天中心进行检测的"凤凰"号探测器

"激光干涉太空引力波天线探路者"号探测器全尺寸模型

→ 什么样的气动设计才适合在火星上飞行

　　火星上的大气密度只有地球的 1% 左右，且火星的引力场只有地球的 38%，采用传统的方法肯定无法在火星上飞行。2020 年 7 月 30 日，第一架"在另一个星球上进行动力控制飞行"的飞行器——"机智"号火星无人直升机发射升空。

　　"机智"号的旋翼转速达到了 2400 转 / 分钟，这个速度是地球上直升机旋翼转速的 8 倍多。由于火星大气非常稀薄，"机智"号只能通过提高旋翼的旋转来获得足够的升力。"机智"号工作的火星表面，其环境大致相当于地球上 3 万米的高度，远远超出了传统直升机的飞行高度范围。而且，火星表面的温度可低至零下 90 摄氏度，因此"机智"号还需要做好保温工作，防止设备被冻坏。

　　一般情况下，直升机升限在数千米不等，目前最高的数据，是 1972 年法国直升机创造的 1.2 万米的升限纪录。理论上说，"机智"号理论上能够飞行的高度可达 3 万米。但不得不说的是，火星上的起飞环境是相当恶劣的，因此"机智"号不仅要在地球上3万米高度飞行，同时还要安装到"毅力"号火星车下方，因此它采用了共轴反转旋翼设计，同时使用电动机驱动。旋翼系统使用4片由碳纤维特殊材料制造的桨叶，旋翼直径为1.2米，上下旋翼旋转方向相反，从而抵消扭矩。

使用共轴反转旋翼设计的优点包括以下几点。

（1）简化了直升机的结构，尤其是复杂的尾桨传动机构，有利于折叠放置在火星车腹部，如果"机智"号使用单旋翼带尾桨的结构，旋翼直径可能要达到1.7米才能满足需要。旋翼直径的增加会导致"机智"号变得更加庞大，不容易塞到"毅力"号的肚子下面。

（2）共轴反转旋翼将来能够衍生出载人型号，目前全球也有非常多的共轴反转旋翼直升机，比如俄罗斯卡莫夫设计局的卡-26、卡-52直升机等。

（3）共轴反转旋翼具备较好的抗侧风性能，悬停效率较高，可抵抗火星上可能出现的阵风。

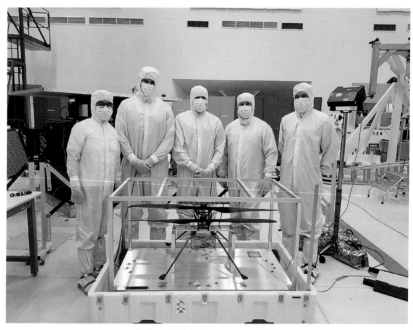

"机智"号与技术团队人员的合影

"机智"号火星无人直升机

正在飞行的"机智"号火星无人直升机

→ 什么是深空探测器

对月球和月球以外的天体和空间进行探测的无人航天器称为"深空探测器"，又称"空间探测器"，包括月球探测器、行星和行星际探测器、太阳探测器等。探测的主要目的是了解太阳系的起源、演变和现状；通过对太阳系内的各主要行星的比较研究，进一步认识地球环境的形成和演变；了解太阳系的变化历史；探索生命的起源和演变。

空间探测器实现了对月球和行星的逼近观测和直接取样探测，开创了人类探索太阳系内天体的新阶段。探测器离开地球时必须获得足够大的速度才能克服或摆脱地球引力，实现深空飞行。探测器沿着与地球轨道和目标行星轨道都相切的日心椭圆轨道运行，就可能与目标行星相遇；或者增大速度，改变飞行轨道，这样可以缩短飞抵目标行星的时间。例如，美国"旅行者"2号探测器的速度比双切轨道所要求的快0.2千米/秒，到达木星的时间就缩短了将近1/4。

深空探测器除自身的结构、服务等分系统，也有为完成任务而装备的有效载荷。深空探测器与人造卫星同属于无人航天器，因此在技术上有许多相同的地方，但也有其自身的特点和要求。在能源方面，由于它远离太阳，所以很难依靠太阳保证有效载荷正常工作，因此多采用核能产生电能。

在通信方面，由于离地球距离更远，其要求通信系统的可靠性更高。在控制和导航方面，深空探测器飞离地球几十万千米到几亿千米，速度大小和方向稍有误差，到达目标行星时就会出现很大偏差。因此就需要更加先进可靠的精确控制和导航系统。有的探测器还具有自主姿态控制能力。

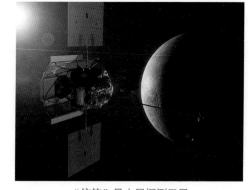

"信使"号水星探测卫星

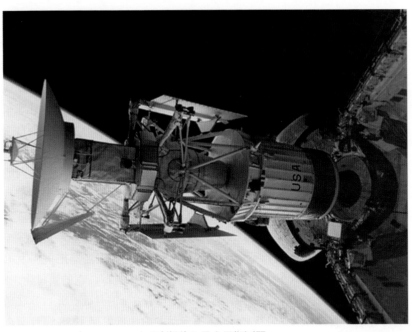

"麦哲伦"号金星探测器

"伽利略"号探测器

→ 什么是月球车

月球车是在月球表面行驶并对月球考察和收集分析样品的专用车辆。可分为无人驾驶月球车和有人驾驶月球车。无人驾驶月球车由轮式底盘和仪器舱组成，用太阳能电池和蓄电池联合供电。无人驾驶月球车其实并不是一辆车，而是小型化、低功耗、高集成的部分或者完全自主的机器人。

为使月球车在月面上能够顺利行驶，美国、苏联曾发射了一系列的卫星和探测器，并对月面环境进行了反复的考察，为在探测器上携带月球车打下了基础。科学家对由月球车在月面实地考察所带回的宝贵资料进行了分析研究，大大深化了人类对月球的认识。

1970 年 11 月 17 日，苏联发射的"月球 17 号"探测器把世界上第一辆无人驾驶的月球车——"月球车"1 号送上了月球，它的质量为 1.8 吨，在月面上行驶了 10.5 千米，考察了 8 万平方米的月面。此后苏联送上月球的"月球车"2 号行驶了 37 千米，并向地球发回了 88 幅月面全景图。

有人驾驶月球车是由航天员驾驶在月面上行走的车，主要用于扩大航天员的活动范围和减少体力消耗，并可随时存放采集的岩石和土壤标本。这类月球车每个轮子各由一台发动机驱动，靠蓄电池提供动力，航天员操纵手柄驾驶月球车，可向前、向后、转弯和爬坡。1971 年 9 月 30 日，美国"阿波罗"15 号飞船登上月球，两名航天员驾驶月球车行驶了 27.9 千米。"阿波罗"16 号、17 号携带的月球车，分别在月面上行驶了 27 千米和 35 千米，并利用月球车上的彩色摄像机和传输设备，向地球实时地发回了航天员在月面上活动的场景及离开月球返回环月轨道时登月舱上升级发动机喷气的场景。

"阿波罗" 15 号月球车

保存在博物馆中的 "月球车" 1 号模型

"阿波罗" 17 号月球车

第6章
载人航天器篇

　　载人航天是人类驾驶和乘坐载人航天器，在太空中从事各种探测、研究、试验、生产和军事应用的往返飞行活动。其目的在于突破地球大气的屏障和克服地球引力，把人类的活动范围从陆地、海洋和大气层扩展到太空，更广泛和更深入地认识整个宇宙，并充分利用太空和载人航天器的特殊环境进行各种研究和试验活动，开发丰富的太空资源。

→ 概述

人类的载人航天事业是在美国、苏联两个超级大国冷战的白热化阶段产生并发展起来的，最早出现的载人飞船包括苏联的"东方"号和美国的"水星"号。二者存在的目的非常相似，都是要为自己的国家争夺"第一个载人进入太空"的称号，所以它们的技术水平刚开始都不高，内部空间非常狭小，只能容纳一人。

在火箭发射成功率不高的时代，"进入太空"是一件需要莫大勇气的事情。

与无人航天器相比，载人航天器具有保障航天员生存的生命保障功能，舱内有适合航天员生存的大气压和大气成分，有适合的温度和湿度，并提供饮水和食物及生活设施；具有航天员工作所需的操作和实验设备，显示系统及时显示航天器工作状态和实验数据，具有天地通信功能，使航天器中的航天员能够与地面控制中心进行语音通信；具有一定的活动空间，使航天员在其内工作和生活具有一定的舒适性。

历史上首次载人航天任务是 1961 年 4 月 12 日苏联发射的"东方"1号，苏联人尤里·加加林在环绕地球轨道一周后安全返回地球。同年 5 月 5 日，艾伦·雪帕德执行"自由"7 号载人航天任务，成为第一个进入太空的美国太空人，也是人类历史上第二人，航天器在太空停留了 15分钟。1963 年 6 月 16 日，苏联人瓦莲京娜·捷列什科娃执行"东方"6号载人航天任务，成为第一名进入太空的女性。

1966 年，美国的"双子座"11 号创造了最高地球轨道记录，飞行高度达 1374 千米。发射和修理哈勃太空望远镜的两次航天飞机任务也曾达到 600 千米左右的飞行高度。迄今为止，载人航天飞行目标在地球轨道之外的任务只限于月球，尽管月球本身也是地球的卫星。第一次去月球的载人任务"阿波罗"8 号中，三位航天员曾进入月球轨道。"阿波罗"10 号第二次环绕了月球，并在月球轨道进行了登月航天器的测试。"阿波罗"11～17 号中除了 13 号的六次任务都成功登月，每次都有两名航天员踏上了月球。于是有十二名航天员在执行"阿波罗计划"任务时完成了登月的壮举，并全部安全返回。

动物也曾乘坐航天器进入太空，也曾有过多次没能返回地球的情况。

其中，狗是第一批进入太空的大型哺乳动物。

随着航天技术从学术及公用领域走入民间，载人航天也开始迈向商业化，并使包括太空旅游在内的商业太空飞行成为现实。

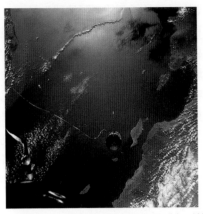

"双子座" 11 号飞船与目标飞行器进行对接

"阿波罗" 13 号返回舱成功着陆地球

展览中的 "阿波罗" 10 号指挥舱

"阿波罗" 15 号任务徽章

→ 载人航天器有哪些

人类载人航天已有 40 多年的历史。在此期间，人类已发射了 3 种载人航天器，即载人飞船、空间站和航天飞机。

载人飞船是一种用火箭发射到地球轨道上并做短期飞行，在完成特定任务后再返回地面的载人航天器，一般为一次性使用。

俄罗斯载人飞船共发展了三代，第一代叫 "东方" 号，共发射了 6 艘；

第二代叫"上升"号，共发射了 2 艘；第三代叫"联盟"号，共发射了 80 余艘，目前仍在服役，并承担着国际空间站救生飞船的角色。

美国的载人飞船也有三个型号，第一个型号叫"水星"号；第二个型号叫"双子座"号；第三个型号即执行登月任务的"阿波罗"号。

载人空间站：载人空间站是一种在近地轨道长时间运行，可供多名航天员在其中生活、工作和巡访的载人航天器。在空间站中有供人生活的一切设施，空间站一般不再返回地球。其结构特点是体积较大，在轨飞行时间较长，能开展的太空科研项目多而广，并能与不同用途的舱段对接。载人空间站现已发射 9 座，其中苏联发射的短期使用的空间站有 5 座，即"礼炮"1 ~ 5 号，美国则发射了 1 座，叫"天空实验室"。苏联还发射了长期运行的"礼炮"6 号、7 号及"和平"号空间站，现已全部陨落。目前，美国、俄罗斯、法国、加拿大、日本等 16 个国家正在联合组装国际空间站。

航天飞机：航天飞机属于短期在太空飞行的载人航天器，目前只有美国研制并使用了航天飞机。此外，苏联曾在 1988 年后试飞过无人驾驶的"暴风雪"号航天飞机。美国制造出的实用型航天飞机有 5 架，按首次进入太空时间排列分别为"哥伦比亚"号、"挑战者"号、"发现"号、"亚特兰蒂斯"号和"奋进"号，其中"挑战者"和"哥伦比亚"号已经失事。

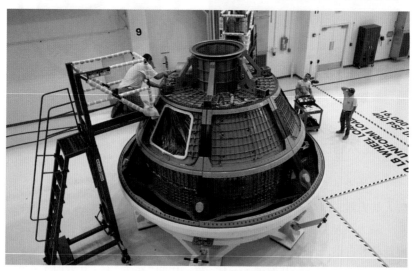

"猎户座"号飞船正在进行地面测试

"双子座" 3 号飞船的航天员

➡ 载人航天的目的是什么

　　开展载人航天活动绝不只是为了欣赏天上的美景，而是要进一步探索宇宙奥秘，更好地开发太空资源，从而为人类造福。

　　距地面 100 千米以上的太空是陆地、海洋和大气层之外的空间，那里有很多地球上所缺乏的资源和条件，包括太阳能、强辐射、高真空、微重力、大温差，以及月球、行星、小行星上的稀有矿藏等，开发这些资源对人类的发展具有重要意义。

　　太阳每秒钟将 81 万亿千瓦的热能送到地球，相当于当今全世界每秒发电量的数万倍，因此，太阳是一个极其巨大的洁净能源宝库，人类可以充分利用太阳能。由于不受大气层的影响，地球轨道上的太阳辐射强度是地面的 2 倍，可达 1.4 千瓦／平方米，所以在太空开发太阳能资源效率非常高。目前，航天器上的太阳能发电仅供航天器本身使用。随着地球能源的日趋紧张，一些国家已开始把建造太空发电站作为一种新的战略选择。

太空中的宇宙辐射强度比地面大得多，并且是全谱段的。特别是宇宙高能粒子，这一资源是非常宝贵的，比如，大家熟知的太空育种，就是利用空间宇宙射线、交变磁场、微重力等特殊的太空环境因素对种子和微生物施加影响，使农作物种子产生在地面环境中得不到的变异，最终筛选出有着优异变异性能的农作物新品种。

太空中的真空环境是地面人造的真空条件无法比拟的，十分有利于高纯度材料加工、蛋白质提取、药品研制等。在太空高真空环境中，物体被太阳直射的一面可以达到 100℃以上的高温，而阴面则可以保持 -100℃以下的低温，两者之间形成了很大的温差，而且非常稳定。这一特殊资源恰好是某些特殊应用梦寐以求的环境。

利用航天器的飞行，还可派生出轨道资源和微重力资源等。自从航天器问世后，科学家们首先想到的就是利用太空的轨道资源，因为站得高、看得远。站在珠穆朗玛峰上，能看到 0.07％的地球表面；在离地面 200 千米高的轨道上，可以看到 1.5％的地球表面；在距地面 35 800 千米的地球静止轨道上，则可以观察到 42％的地球表面。利用高远位置这一有利条件，可进行精度更高、范围更大的遥感、通信、导航等活动。

微重力环境是一种宝贵资源，人类用这种资源已进行了地面上难以实施的科学实验（如微生物、细胞、蛋白质晶体的生长、培养与分离）、新材料加工和药物制取等。因为在微重力条件下，气体和液体的热对流基本消失，不同密度物质的分层和沉积消失，即密度不同的液体可以相容在一起。这对生产极纯的化学物质、生物制剂、特效药品，以及均匀的金属基质复合材料、玻璃和陶瓷等都很有用。由于重力微弱，在太空冶炼金属时可以不使用容器，即采用悬浮冶炼，因而冶炼温度可以不受容器耐热能力的限制，进行极高熔点金属的冶炼，避免容器壁的污染和非均匀成核结晶，从而改善合金的金相组织，提高金属的强度。

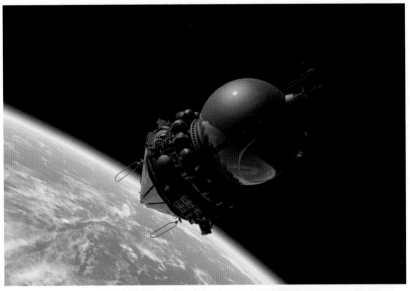

"东方" 1 号飞船在太空飞行概念图

博物馆中展出的 "阿波罗" 8 号指挥舱

→ 载人航天需要突破哪些难题

载人航天是集国家政治、军事、科技实力为一体的高难度系统工程。要真正把人送入太空并长时期在太空生活，就必须要突破三大技术难题。

第一个难题是研制出推力足够大，可靠性极好的运载工具。

苏联发射"东方"号、"上升"号、"联盟"号等载人飞船的运载火箭都是运载能力5吨以上，而且在发射中极少发生事故的优秀运载工具。为了确保发射时万无一失，运载火箭及飞船的关键部件必须是双备份或三备份，火箭、飞船在上天前，必须经过一系列极严格的地面测试和模拟飞行，直到没有一丝隐患才能放行上天。据记载，俄罗斯近百次发射载人飞船，运载火箭出现问题航天员使用逃逸塔救生设备的案例仅发生1次。美国航天飞机的近百次飞行，也只有"挑战者"号发生爆炸这一灾难性事故。

第二个难题是获得空间环境对人体影响的足够信息，了解人体所能承受的极限条件并找到防护措施。

空间环境与陆地环境有着天壤之别。太空中高度真空，没有氧气没有水，如果没有任何保护，人体暴露在这样的环境里，不用一分钟，就会由于身体内外的巨大压差而爆炸，体液会迅速沸腾汽化。太空中温差极大，由于没有空气对流，航天器朝阳面温度可达100℃以上，而背阴面则会在-100℃以下，在远离地球的深空中，温度则达到人体根本无法耐受的-273℃。太空中还充满了有害的宇宙辐射。另外太空失重环境，特别是飞船上升、返回阶段的加速度和减速度会使人体发生平衡功能紊乱、体内组织位移、肌肉萎缩、骨质脱钙等病变。

要在这种环境里保证人的生存环境，就必须研制出密封的防辐射飞船，飞船中要配备能供人正常生活的空气、水、温度等基本生命保障条件。同时还要为航天员装备上航天服，一旦航天员要走出飞船座舱到太空中工作，所有的生命保障系统便全由航天服提供。

第三个难题是可靠的救生技术及安全返回技术。载人航天与不载人航天最大的区别就在于救生技术的应用和安全返回的绝对可靠。

载人航天的救生装置有弹射座椅、逃逸塔、分离座舱和载人机动装置等，它们在不同的飞行高度上发挥着各自的作用。

　　一般来说，飞行高度在 10 千米左右时，航天员可以采用弹射座椅弹出发生危险的航天器，跳伞求生；也可以启动逃逸塔，让逃逸塔带着飞船甩掉出问题的火箭，另行降落求生。如果火箭高空发生问题，航天员无法跳伞，且逃逸塔已按飞行程序被抛掉，则只有采取分离飞船座舱的办法，让飞船座舱自己返回求生。飞船入轨后，一旦自身遭到损坏或航天员生病需要营救时，只有暂时采用船上救生装置等待地面发射飞船求生这一办法。

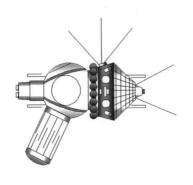

"上升" 2 号宇宙飞船示意图

"联盟" 19 号宇宙飞船

第一架配有玻璃驾驶舱的航天飞机——"亚特兰蒂斯"号

→ 载人航天对着陆场有什么要求

有了载人航天发射场，相应地就需要着陆场，因为航天员不能一直在太空生活，经过一段时间飞行后航天员必须乘坐飞船返回地球。因此，要在合适的地方选择和建设飞船着陆场。载人航天任务对着陆场的要求主要有两个方面，一是满足飞船着陆散布范围要求；二是满足航天员着陆安全要求。

首先，载人航天着陆场必须选在飞船运行轨道经过的地方，并尽可能选在飞船多次经过的地区。

其次，着陆场的范围足够大，地形地貌条件好。视野开阔，没有高山、大江、大河，地势平坦，飞船着陆于此不至于剧烈翻滚而影响航天员安全。着陆场区内人口稀少，没有影响飞船返回舱安全着陆的危险物，如较大的城镇、大中型工矿企业、重要军事设施，并且远离高压电线和铁路干线。着陆场远离国境线，一旦飞船发生异常情况，即使出现最大着陆偏差，返回舱也不会落到其他国家的领土上。另外还要求着陆场附近交通比较方便，以便航天员快速转运。

最后，着陆场的气候条件好，影响飞船返回舱安全着陆的危险天气（雷暴、大风等）较少。

为提高载人航天任务的安全性和可靠性，除了选择一个着陆场作为主着陆场外，至少还应该准备一个与主着陆场气象条件不同的备用着陆场，称为副着陆场。

在副着陆场选择过程中必须考虑其与主着陆场的关系，因此，副着陆场的选择一般在主着陆场确定之后进行。副着陆场选择的约束条件主要包括以下几个方面。

原则上只选择一个副着陆场，其基本任务和主要功能与主着陆场相同，对场区的选择要求也与主场基本相同，只是在建设规模上应适当从简，以节省经费。

主、副着陆场的气象条件互补性要好，即主着陆场出现影响返回舱安全着陆的坏天气时，副着陆场为好天气的概率要大。

　　场区内的地形地貌条件较好，飞船采用升力控制式返回时，返回舱着陆散布范围内的自然和社会条件满足选场技术要求；飞船采用弹道式返回时，返回舱着陆散布范围内基本满足选场条件。

　　场区的范围要足够大，能够满足多个瞄准着陆点，以增加副着陆场的适应能力，从而提供更多的可返回机会，也为返回轨道设计创造更多的有利条件。

　　要充分考虑飞船返回段应急返回等非正常情况，尽量保证在返回舱着陆散布范围内具有较好的自然条件。

　　副着陆场应在与返回主着陆场相同的返回轨道航迹上选择，这样可以综合利用返回途中的地面测控资源，沿着飞船返回航迹建设一条测量链就可以兼顾飞船返回主着陆场和副着陆场两种情况，同时也能提高效费比。

"阿波罗" 11 号返回舱降落在太平洋水域

美国航天飞机的主着陆场——肯尼迪航天中心

→ 载人航天技术对医学发展有何影响

载人航天技术的发展，不仅保证了航天任务的顺利完成，而且对地球上生命科学的发展也做出了巨大的贡献。在过去的40多年中，很多在空间飞行计划中研究出的技术，已应用到临床医学及保健中去，促进了医学发展，提高了人类的健康水平。

载人航天中，为了保证航天员的生命安全和健康，必须长时间、实时监视航天员在航天过程中的生命安全参数和医学实验数据。但是人体的各种生理信号如心电、脑电、肌电等都是微伏到毫伏级的信号，易受外界环境和人体其他信号的干扰。为了能测量、传输和处理航天员的生理信号，航天科学家们研制出一套完整的航天生物医学遥测系统。这套系统由输入设备（传感器、信号调节器、多路调制器等）、无线电多路传输系统（飞行器上的发射机、发射天线、地面站接收天线、接收机等）和输出设备（多路解调器、输出终端设备如显示器、记录仪及数据处理机等）组成。

　　随着航天事业的发展，航天生物遥测系统也在不断地发展和完善。最初，在"水星"号载人飞船上，遥测系统输入设备体积大，只能安装在载人飞船内，后来由于输入设备小型化和模块化技术的发展，在"双子座"号飞行时，生物信号遥测系统就安装在航天服内的腰带上。为了支持航天员出舱活动和到行星的探索任务，二次遥测技术应运而生，航天员只要随身携带一个微功耗的小型生理遥测发射机就可将他们的生理信息发送到航天器上，再由航天器的遥测设备转发到地面站。美国于1983 年和 1988 年发射的两颗跟踪和数据转发中继卫星实现了用同步卫星来沟通地面站和运行在中低轨道上的航天器的信息传输，从而大大扩展了跟踪测量的范围和数据传输时间。

　　航天遥测系统的发展，推动了医学生理信息遥测技术的前进，使这种技术广泛地应用于临床诊断和监护。

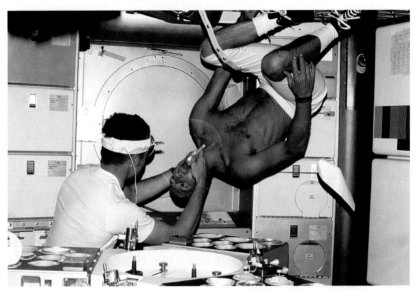

航天员在空间站接受口腔检查

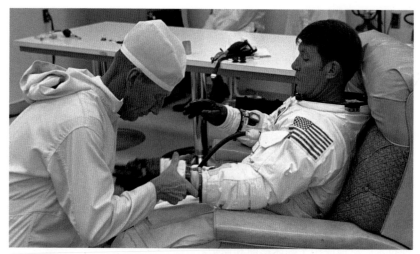

航天员在进入太空前进行身体检查

载人飞船的发射时间是根据什么确定的

载人飞船的发射时间是经过航天专家综合多种因素严密计算的结果。其主要因素包括以下几种。

第一，要考虑载人飞船上的太阳能电池帆板受到充足阳光的照射。载人飞船上的电源主要来自安装在飞船两侧的太阳能电池帆板，发射时机必须保证太阳能电池帆板展开时，飞船恰好在地球受到太阳照射的一面。同时，还要保证飞船在整个运行期间尽可能受到垂直阳光的照射。

第二，要满足飞船姿态测量设备的需要。飞船入轨后，要利用船上的姿态测量设备对地球进行测量，并以此来调整飞行姿态。因此，在选择发射时机时，要考虑飞船能避开太阳光辐射对姿态测量设备的影响，选择一个合适的角度。

第三，要考虑飞船返回时的条件。载人飞船在轨运行的时间一般是固定的，因此确定了发射的时间也就基本确定了返回的时间。而载人飞船返回舱返回地面最好是在白天，以便于回收搜寻人员能够迅速找到落在地面或海洋中的返回舱。

　　第四，要考虑发射时的气象条件。过厚的云层对火箭发射有很大影响，尤其是积雨云对火箭发射的安全威胁很大，载人飞船发射还必须避开雷雨、暴风等恶劣天气。

　　除上述主要因素外，科学家们也会考虑一些其他因素。

"双子座"1号飞船由"大力神"2号火箭搭载升空

"上升"2号飞船在太空飞行

233

→ 航天飞机和载人飞船有什么区别

　　航天飞机是美国研制的可重复使用的、往返于太空和地面之间的航天器。航天飞机既能代替运载火箭把人造卫星等航天器送上太空，也能像载人飞船那样在轨道上运行，还能像飞机那样在大气层中滑翔着陆。航天飞机为人类自由出入太空提供了很好的工具，大大降低航天活动的成本，是航天史上一个重要的里程碑。

　　载人飞船是保障航天员能在外太空执行航天任务并返回地面的航天飞行器，属于一次性使用的返回型载人航天器。载人飞船的容积较小，受所载消耗性物资数量的限制，不具备再补给的能力，而且不能重复使用。而航天飞机是一种有翼、可重复使用的航天器。因此二者最明显的区别是载人飞船是一次性使用，航天飞机则可以重复使用。

　　航天飞机和载人飞船的主要区别体现在用途上：航天飞机是运载火箭的升级产品，其用途是将地面物体送到地球轨道上，也就是说，航天飞机往返于地面与地球轨道之间；而载人飞船则是在外太空中飞行使用的，比如从地球飞往比邻星（离太阳最近的一颗恒星）等。由于用途不同，二者在结构、工作方式、外形等方面也存在很大的不同。

　　航天飞机最需要的是脱离地球引力，因此它有自己的动力系统和巨大的外挂燃料箱，为了减少空气阻力并在降落时充分利用空气动力，航天飞机具备非常先进的气动外形。宇宙飞船虽然也有动力系统，但现阶段动力源主要是太阳能电池，因此它不需要外接动力源。由于宇宙飞船是在外太空飞行，所以在外形上没什么特殊要求。另外，航天飞机最初是美国军方提出的运载火箭的替代产品，在设计要求方面除了载人、运送卫星外，能往返、可重复使用也是其最重要的性能指标。而宇宙飞船通常是为了特定目的而进行设计的，除了内部结构外，外形在很大程度上也是为了航天员的安全返回而设计的。

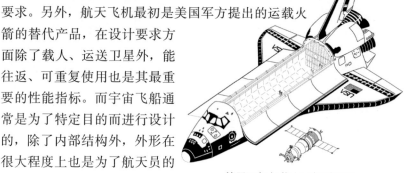

航天飞机与载人飞船对比图

发射台上的"哥伦比亚"号航天飞机

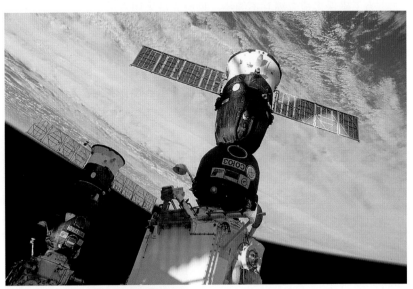

停泊在国际空间站上的"联盟"号飞船

→ 飞船是如何返回地面的

　　飞船返回舱如果在着陆时没有配备降落伞是非常危险的。1986 年美国"挑战者"号航天飞机在发射过程中发生爆炸，当时乘员舱并没有受到太大的损坏，航天员也有可能生还，但由于乘员舱没有安装降落伞，在下降过程中高速撞击海平面而解体，最终造成航天员全部遇难。

　　飞船降落伞在保护飞船返回舱安全方面起着至关重要的作用。飞船的每一次返回都需要降落伞来保障安全。返回舱再入大气层，经过热障，下降到距离地面 10 千米高度时，虽然速度已经在大气阻力作用下大大降低，但仍达到 200 米 / 秒左右，这就需要降落伞来完成最后减速。飞船降落伞不仅可以降低返回舱的下降速度，还能保证它的下降姿态稳定。

　　飞船降落伞的外形和人们日常用的雨伞相似，都是利用气动阻力减速，两者主要的区别在于返回舱降落伞系统更复杂，科研人员精心挑选了高强度芳纶纤维来制作伞衣和伞绳，让它薄如蝉翼却异常结实，并且经过特殊的耐热处理，可以承受 400℃ 左右的高温，防止降落伞被返回舱与大气层摩擦产生的热量烧坏。

　　为了确保多根伞绳互不缠绕，科研人员采用专用工具，将伞绳按照编号顺序进行梳理，梳理之后的伞绳就可以整齐有序地排列在伞包内，保证了伞绳拉出时不打结、不缠绕。

　　将伞衣折叠好装进伞包时，既要均匀有序，又要充实饱满、不留空隙，力度的控制全靠操作人员的双手，力度过小伞衣装不进去，力度过大就有可能损坏伞衣，因此只有依靠反复练习，才能掌握好合适的力度。

　　把所有部件装进伞包后，还需要将伞包的口封住，也叫"封包"。由于伞衣伞绳是在巨大压力下塞进伞包内部，当压力撤除时，伞衣伞绳会随压力减小而膨胀，因此封包就需要在伞衣还未膨胀的一瞬间进行。

"阿波罗" 14 号返回舱正在降落

博物馆中的"阿波罗"17 号飞船指令舱

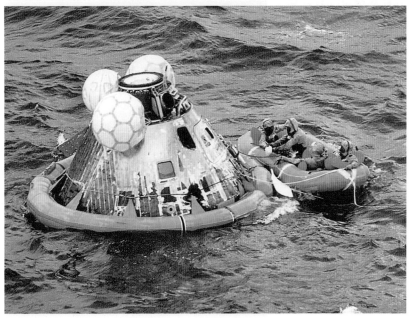

"阿波罗"11 号返回舱在海上着陆

→ 如何判断飞船发射是否成功

运载火箭的任务就是将载人飞船送入太空。在火箭将飞船推至预定高度和速度后，火箭和飞船分离，飞船进入预定轨道，即表明发射成功。飞船发射上天后，要保证各种仪器设备正常工作，需由太阳电池帆板供应充足的电源。太阳电池帆板在太空展开后，有一个起始位置，如果阳光垂直照射在帆板上，就会产生足够的电能；非直射状态下，太阳电池帆板效能就会降低。

那么，如何判断发射是否成功呢？

地面判断发射是否成功的标准有两点：一是船－箭是否正常分离；二是火箭是否将飞船送入预定轨道。判断的主要依据有弹道和遥测两种信息，地面测控站和海上测量船上的雷达测量火箭和飞船的轨道，雷达测量数据传送到发射指挥控制中心后，中心计算机系统会计算出分离点参数和飞船入轨后的初始轨道根数，与理论轨道进行对比，差别在允许范围内则可以认定飞船轨道满足要求。地面遥测设备接收火箭和飞船的遥测信息，选出和处理船－箭分离以及飞船入轨时的有关参数，专家和技术人员在判定主要参数正确后，便可认定发射成功了。

正在发射的"联盟"TMA-17号飞船

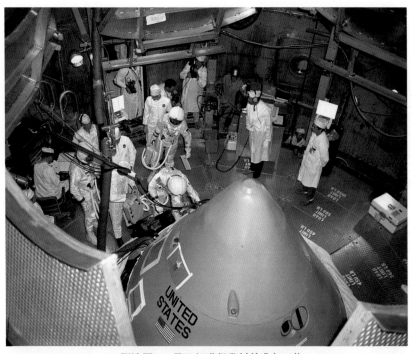

"阿波罗"1号飞船进行发射前准备工作

→ 飞船升空前，需要进行什么检查

1971 年 4 月 19 日，苏联发射了人类第一个空间站——"礼炮"1 号。同年 6 月 6 日，载有 3 名航天员的"联盟"11 号飞船从拜科努尔航天发射场发射升空，并与"礼炮"1 号成功对接。3 名航天员进入"礼炮"1 号空间站，在太空停留了 23 天 18 小时 22 分钟，进行了一系列天文观测和生物、医学实验。6 月 29 日飞船返回，6 月 30 日 1 时 35 分，飞船按程序启动制动发动机。在再入大气层前，返回舱和轨道舱分离过程中，返回舱的压力平衡阀被震开，飞船的密封性能遭到破坏，返回舱内的气体从该处泄漏，舱内压力迅速降低，导致航天员因急性缺氧、体液沸腾而死亡。尽管飞船返回程序继续正常工作，返回舱也借助降落伞安然着陆，但当人们打开舱门时，看到的却是 3 名航天员的遗体。这一事故是苏联载人航天史上最为悲惨的一次。

因此，飞船在进入太空前，需要检查飞船密封舱等是否存在泄漏。通过这一环节，可以确保飞船密封舱结构及环控生保系统气路，推进剂贮箱、管路和热控系统内回路密封合格。

飞船检漏可在飞船厂房的检漏间完成。形象地说，检漏间就是一个气密性很好的"大容器"，飞船进入检漏间后，检漏间四周的大门关闭，形成一个密闭、绝热的空间。连接检测设备后，在飞船内部充入被检气体（如惰性气体），保持一定的压力，在较长时间内利用监测设备连续监测检漏间内或管路接头处的被检气体分压。如果飞船存在泄漏，则飞船内部的被检气体就会泄出，使检漏间内或管路接头处的被检气体分压升高，这一分压的异常变化就会被监测设备探测到，从而对飞船的密封状况做出判断评估。

"联盟" TMA-20M 飞船准备发射

"礼炮"1 号空间站在太空运行

停泊在"和平"号空间站上的"联盟"号飞船

→ 飞船逃生系统包括哪些

　　为了探索火箭发射或飞船重返大气层阶段航天员遭遇重大事故时更高效、更可靠的紧急逃生系统，人们已经为此努力了 70 年之久，其间先后对弹射座椅、逃逸塔、逃生舱、救生球等进行了广泛研究，目前最常见的火箭发射阶段供宇航员紧急逃生系统是逃逸塔。

　　1954—1957 年，苏联对航天员弹射座椅进行了至少 9 次飞行试验。1961 年初，正处于冷战时期的苏联为了赶在美国之前完成载人航天飞行，要求紧急将航天员送入太空。1961 年 3 月 9 日、25 日，苏联分别进行了 2 次太空犬发射试验且均取得了成功。1961 年 4 月 12 日早上 6 时 07 分，航天员尤里·加加林乘坐"东方 1 号"宇宙飞船发射升空。7 时 55 分，在太空飞行 108 分钟后飞船开始制动减速重返大气层。距离地面 7 千米的时候 VZA 弹射座椅启动，尤里·加加林在降落伞帮助下成功返回地面。

　　1958 年，美国马克西姆·法吉特提出用小火箭将宇宙飞船从运载火箭上分离的设想。1960 年 11 月 21 日，美国安装有逃逸塔的"水星－红石"-1 火箭在发射阶段点火失败，火箭只上升了 10 厘米又落到了发射台上。逃逸塔在检测到危险信号后点火程序自启，将飞船带到 1200 米高度后打开降落伞成功返回地面。虽然"红石"飞船没有航天员，但却证明了逃逸塔是可靠的。

　　此后苏联也在科罗廖夫的带领下开发出了逃逸塔，并将这套系统与"联盟"系列宇宙飞船搭配使用。1975 年 4 月 5 日，"联盟"18-1 宇宙飞船发射，飞行第 261 秒时二级火箭并未按照预定程序分离，随后火箭状态出现异常。在飞行的第 295 秒时逃逸塔点火，2 名航天员在下降过程中承受了 20 个重力加速度的过载后最终安全返回地面。1983 年 9 月 26 日，"联盟" T-10-1 号在发射前遇到火箭助推器爆炸的情况，逃逸塔接收到危险信号后随即点火，成功将 2 名宇航员送到了安全地带，而整个火箭在逃逸塔启动后不久就发生了剧烈爆炸。

随着航天飞机的发展，人们又研制了逃生舱。1966 年 6 月 8 日，1 架 XB-70 在飞行过程中与 F-104 战斗机相撞，飞行员艾尔·怀特转移到逃生舱后成功逃生，这名飞行员坠地后受重伤，不过最终还是活了过来。逃生舱在 B-58 轰炸机和 B-1A 原型机上也有使用。

除此之外，还有太空球也可以在紧急情况下帮助宇航员逃生，不过太空球是当宇航员在轨道缺乏宇航服时才使用的。太空球的直径为 91 厘米，拥有 0.33 立方米的空间，内部存在的氧气可供 1 名宇航员生存 1 个小时。不过太空球到目前为止并没有被使用过。

"东方" 1 号宇宙飞船模型

"阿波罗"计划中进行的逃生系统测试

→ 空间站的最大运行高度是多少

　　实际情况中，因为太空和地球的大气层二者之间并没有十分明确的界限，所以随着高度的增加，大气层逐渐稀薄。在航空航天的领域里，有着一条十分有影响力的分界线，那就是卡门线。

按照标准，空间站通常不推荐建立在距离地球 100 千米以内的地方，超过 100 千米被认为是空间，一般空间实验关注的是接近真空的环境，可以展现出无云层望远镜观测的优势，接近零重力的实验条件等，400 千米的高度就够了。而 400 千米的位置已经能够尽可能地躲避大气干扰，即使在这样的海拔下，空间站的长期运行仍然会受到干扰，但 400 千米这样的海拔对于空间站的工作环境已经是十分合适的了。

宇宙中有各种各样的辐射，对于人类的身体健康有着很大的伤害，但是宇航员由于工作的需求必须在空间站生活较长的时间，而 400 千米的飞行高度中可以对空间站进行保护，使其避免受到地球磁场的干扰，从而保护航天员。

在地球附近的磁场中可以掌控一些与来自外太空太阳风的高能粒子产生抗衡的带电电子和离子，运用一些物理的过程方法把来自太阳风的高能粒子注入磁场，再或者还可以加速地球本身自带的带电粒子。

范艾伦辐射带，指在地球附近的近层宇宙空间中包围着地球的高能粒子辐射带。当空间站的安全受到外界干扰时，范艾伦辐射带会向上或者向下移动膨胀。这个区域里有非常高能量和密度的带电粒子，对在里面飞行的飞行器、空间站、航天员和人造卫星等的危害很大。

更要注意的是由于地磁场本身不对称，在南大西洋上空形成的地磁场形状致使这一带的辐射带高度与其他地区相比之下可能较低，有干扰时有可能只影响 1000 千米左右的高度。因此空间站飞得越高就越容易进入到辐射带中，就有可能让空间站受到带电粒子的影响。

还有一个方面就是地面站需要定时补给物资到空间站中，这些物资有的是用于维修和研究，有的是航天员的一些日常用品。每一次物资供应都需要花费大量资金，且飞行高度与花费成本成正比。这样来看在 400 千米左右的飞行高度还是比较经济划算的。

还有一个原因是要考虑到空间站的运行轨道，空间站的轨道和卫星等其他的设备轨道不一样，在选择上也更讲究，原因是因为在整个工作期间，空间站里有宇航员的工作生活休息，如果你选择的轨道十分不规则、不平滑，那宇航员就会受到轨道的很大影响。

综合各方面的因素考虑，空间站建立在距离地球 400 千米的位置才是比较稳妥的方案。

国际空间站实验室内部

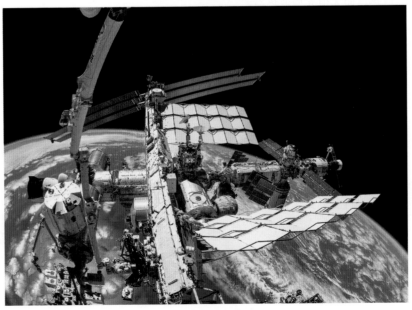

运行中的国际空间站

→ 太空那么冷，为何空间站不会结冰

太空的温度接近绝对零度，由于太空是一个几乎真空的环境，其温度会受到太阳等恒星辐射的影响，因此航天器和空间站的温度会有所变化。

以地球与太阳之间的关系为例，地球面对太阳的一面为地球上大多数生物、环境提供生存的温度，背着太阳的那一面将在太空中辐射出越来越多的能量，而物体的平均温度将稳定在接近水的冰点的某个地方。对于大多数在金星轨道和小行星带之间的任何地方运行的航天器，太阳散发出来的能量是真正需要关注的。航天器可以通过反射绝热体来解决此问题，有时还可以旋转以使内部温度均匀。

另一个问题是消除航天器携带的设备（有时甚至是航天员）产生的热量。这通常需要散热器，它的体积必须是足够大，并涂上浅色，以防止自己在太阳光下过热。在某些情况下（如航天服），可采用水冰升华器散热，而无须大型散热器。

对于位于桁架上的国际空间站设备来说，冻结是一个潜在的问题，包括机械臂、电池和电源转换器，以及所有的外部实验设备。因此，所有这些设备都需配有加热器。没有加热器的外部设备是无法使用的。

不过变得太热（由于在阳光下和电子设备产生的热量）与变得太冷属于同类问题。维持所需温度的方法包括使用多层绝缘、使用主动冷却系统、使用加热器等。

航天员正在对国际空间站的太阳能帆板进行维修

国际空间站上配备的散热器（白色）

空间站能够长期运行的原因是什么

随着航天技术的进步，为了开发太空，人类需要在太空中建立可长期生活和工作的基地。于是，人类在太空的新居所——空间站便被研发和建造出来。

空间站又称为太空站、轨道站或航天站，是一种在近地轨道长时间运行，可供多名航天员在其中生活、工作和巡访的载人航天器。与其他航天器相比，空间站的显著特点就是它可以长时间在太空中稳定运行，同时在空间站中还有人类生活所需的一切基本设施。

太空站在太空接纳航天员，可以使载人飞船成为只运送航天员的工具，从而简化了其内部的结构，并减少了其在太空飞行时所需要的物质，这样既可降低载人飞船的设计难度，又节省了成本。空间站在运行时可载人，也可不载人，只要航天员启动并调试后它便可正常进行工作。这样能缩短航天员在太空的时间，减少许多消耗。

空间站与一般航天器相比，有效容积大，可装载比较复杂的仪器，如长焦距照相机等，使获取的照片分辨率大大提高。由于空间站可以长期载人，许多仪器可由人直接操作，因此它的分辨能力大大增强，可避免机械动作带来的误差，从而完成比较复杂、非重复性的工作任务。

空间站可以对接多种航天器，自身可拥有姿态和轨道保持系统，可以安装大型太阳能帆板，可以利用飞船或航天飞机进行定期访问和补给，出了技术问题由航天员进行修理，甚至可以派飞船或航天飞机去更换失效的部件。就是这样一些特点和能力，空间站的工作寿命大大延长了。

早期的试验空间站使用寿命一般在 1～2 年。苏联的"和平"号空间站工作寿命可达 10 年，而实际寿命达到了 15 年。预计国际空间站的使用寿命实际可达 20 年左右。未来，研制可以永久在轨道上驻留并保持正常应用功能的空间站是完全有可能的。

国际空间站的钢桁架结构

国际空间站模块制造厂

在轨运行的国际空间站

国际空间站分为哪几个建造阶段

国际空间站源于 1984 年时任美国总统的里根首先提出来的永久载人空间站计划。日本、加拿大、欧空局等国家和机构于 1988 年正式加入该计划，将其命名为"自由"号空间站。1993 年 12 月，他们正式邀请俄罗斯加盟，并更名为国际空间站。

国际空间站以美国和俄罗斯为首，由包括加拿大、日本以及欧洲空间局在内，共由 16 个国家联合建造。

第一阶段（1994—1998 年）——准备阶段。从 1994 年至 1998 年，美、俄两国完成航天飞机与和平号空间站的 9 次对接飞行。美国航天员累计在"和平"号空间站上工作 2 年，取得了航天飞机与空间站交会对接以及在空间站上长期进行生命科学实验、微重力科学实验和对地观测的经验。

第二阶段（1998—2001 年）——初期装配阶段。1998 年 11 月 20 日，俄罗斯用"质子"号火箭将国际空间站的第一个部件——"曙光"号多功能货舱发射入轨，拉开了国际空间站在轨装配的序幕。到 2001 年 7 月 12 日，美国和俄罗斯等国经过航天飞机、"质子"号火箭等运输工具的 15 次飞行，完成了国际空间站第二阶段的装配工作。

第三阶段（2001—2011 年）——最终装配和应用阶段。2011 年 5 月，奋进号航天飞机将国际空间站最后一个组件运到太空，航天员通过出舱活动，完成了与空间站的组装，标志着长达 13 年的国际空间站建造工作正式完成。

国际空间站总质量约 438 吨，长 108 米，宽 88 米，轨道高度为 397 千米，可载 6 人。国际空间站结构复杂，规模大，由航天员居住舱、实验舱、服务舱、能源舱、桁架、太阳能电池帆板等组成。

国际空间站设计寿命为 10 ~ 15 年，采用"边建造、边应用"的模式，其上的基础研究工作从 2000 年开始。

建造中的国际空间站服务舱

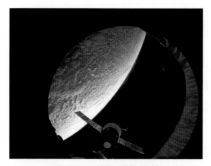

国际空间站的功能货舱

国际空间站的气密舱

国际空间站的实验舱

→ 空间站如何进行物资补给

最早用于补给的飞船其实就是载人飞船。载人飞船除了运送人员外，也留有部分空间可用于运载少量货物。在专用的货运飞船出现后，载人飞船的上行运货能力已经可以忽略不计了，但载人飞船的返回舱可以从空间站携带部分实验载荷返回地面，仍具有很大的实用价值。货运飞船是人类太空活动扩大、空间站日益复杂的产物，主要用来为空间站补给推进剂、实验载荷、食品、水，以及其他太空工作和生活消耗品。

最早投入使用的货运飞船"进步"号是由"联盟"号载人飞船改进而成的，它是一次性使用的消耗品，会在返回时彻底烧毁，不能携带货物返回地面。1978 年，苏联使用"联盟"号火箭将"进步"1 号货运飞船发射升空，并成功与"礼炮"6 号空间站对接，为其运去了约 2.3 吨的物资，包括 1 吨的推进剂和总计 1.3 吨的食物、替换部件、科学载荷和其他物资。"进步号"货运飞船还具备提升空间站轨道的能力。"进步"号飞船到今天已经发展了三代，虽然受到原始设计的制约，其货运能力有限，但仍是国际空间站的主力货运飞船之一。

目前承担国际空间站货运任务的，还有欧洲航天局的自动货运飞船和日本的 H-II 转移飞行器，以及美国太空探索技术公司的"龙"飞船。未来，美国轨道科学公司的"天鹅座"飞船也将加入其中。欧洲航天局的自动货运飞船还具备提升空间站轨道的能力，它和日本的 H-II 转移飞行器一样，是一次性使用的，即不能将空间站的物资带回地面。

与俄罗斯的飞船相比，欧、美、日的飞船设计更先进，运载能力也更强。欧洲航天局的自动货运飞船具备运输 7.6 吨货物的能力，日本的 H-II 转移飞行器的运输能力约为 6 吨，美国的"龙"飞船也具备比"进步"号飞船更强的货运能力。目前，日本的 H-II 转移飞行器和美国的"龙"飞船，除设计了加压货舱外，还有独立的非加压货舱，可直接为国际空间站运输暴露在外部的实验载荷或空间站设备。

工作人员正在为站正在国际空间站准备物资

国际空间站功能货舱内部

国际空间站的太阳能帆板及钢桁架结构

→ 国际空间站出现噪声怎么办

　　科学家认为，人耳长期暴露在高于 85～90 分贝、短期暴露在高于 110 分贝的噪声中，听力会遭到损坏。1998 年开始在低地球轨道上运行的国际空间站上的噪声强度大约是 55～78 分贝，相当于行走在闹市区的噪声。噪声的主要来源是用来保持整个空间站空气流通的风扇的扇叶转动声。在国际空间站的 6 个房间中，目前只有两个房间的噪声没有超过 60 分贝，剩下的房间绝大部分噪声都达到了 60～70 分贝，相当于一条车辆繁忙的高速路上的噪声，最严重时噪声甚至能达到 78 分贝。

　　美国航天局一直都在通过各种消音方式降低空间站的噪声强度，包括安装风扇振动隔音层、吸音镶板墙、风扇出口消声器等，并用效果更好的风扇替换下损坏了的旧风扇，可效果依旧一般。

　　相比美国模块舱，俄罗斯的房间噪声问题更加可怕。而且为了保证房间空气的流通，他们甚至将卧舱的门都拆卸下来，这就让噪声更加严重。目前居住在舱中的俄罗斯航天员必须要戴着耳塞才能睡得着觉，长期的噪声干扰也让航天员的听力受到了损伤。一名航天员表示，长达 6 个月的空间站生活已经使他对高音频的敏感度有所降低。不仅如此，长期的噪声除了会影响宇航员的身体健康外，也为空间站的安全埋下了许多隐患。

　　国际空间站俄罗斯模块舱是根据"和平"号空间站设计的，其原型噪声就是超标的，俄方已经开始运送消声器前往空间站安装，并打算将降温风扇等主要噪声源更换为较为安静的产品。而俄罗斯医生已发现了国际空间站噪声水平超过正常数值的问题，为此医生建议航天员在睡觉时将舱门关闭以保护听力，并使用降噪耳机等个人防护设备。

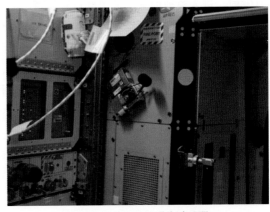

国际空间站配备的噪声计量器

在国际空间站内工作的航天员

→ 什么是"天空实验室"

"天空实验室"是美国第一个实验型空间站。其在 1973 年 5 月 14 日发射，进入离地面 435 公里的近圆轨道。同年还先后发射了 3 艘"阿波罗"号飞船并与"天空实验室"对接。这 3 艘飞船分别称为"天空实验室" 2、3、4 号。1979 年 7 月 11 日"天空实验室"进入大气层烧毁。

"天空实验室"用"土星"5 号运载火箭发射。在上升飞行过程中，高速气流冲掉了轨道舱的防护罩和一个太阳能帆板，另一个太阳能帆板被防护罩碎片缠住而没有开启，以致"天空实验室"入轨后严重缺电，舱内温度上升到 50 摄氏度。1973 年 5 月 25 日，三名航天员乘"阿波罗"号飞船与"天空实验室"对接。航天员用一顶遮阳伞伸出舱外，挡住阳光，使工作舱温度下降。他们切去缠绕的防护罩碎片，使剩下的一个太阳电池翼展开发电，终于使"天空实验室"开始工作，接纳航天员。"天空实验室"共接待三批航天员，这三批航天员在空间站内分别工作和生活了 28 天、59 天和 84 天。用 58 种仪器进行了 270 多项有关天文、地理、遥感、宇宙生物学和航天医学实验的研究。重要的成就有：用太阳望远镜观测太阳并拍摄了 18 万张太阳活动的照片；用 6 种遥感仪器对地球进行了观测，共拍摄 4 万多张地面照片；用 7 种仪器研究太阳系和银河系的情况；用自行车功量计和下身负压装置等医疗器械研究长期失重对人体生理的影响；进行了失重下的材料加工试验。

　　"天空实验室"由轨道舱、过渡舱、多用途对接舱、太阳望远镜和"阿波罗"号飞船等 5 个部分组成。全长 36 米，直径为 6.7 米，重 82 吨。轨道舱是"天空实验室"的主体，用"土星"5 号运载火箭第三级箭体改装而成，分上下两层，上层为工作区，下层为生活区。生活区又由隔板分成卧室、餐室、观测室和盥洗室。轨道舱内充纯氧，可保持 33 千帕的大气压强和 20 摄氏度左右的温度。

　　"天空实验室"计划持续了 6 年，期间耗资 26 亿美元。美国宇航界、政界和科学界都给予这项计划极高的评价。

在太空中运行的"天空实验室"

"天空实验室"与航天飞机对接

→ 如何保障空间站航天员的生活质量

　　太空中除了缺乏氧气之外，空间站内空气流量的大小、冷热气体的交换、温度和湿度的高低，都影响着航天员工作和生活环境的舒适度，同时还对空间站各种设备的运转产生影响。为解决这些问题，科学家发明了"太空空调系统"，除了可以调节空间站温湿度、过滤异味以及颗粒物外，还能够制造氧气。空调系统中的制氧机通过电离，把水分解成氢气和氧气，释放掉易燃易爆的氢气后，剩余的氧气就可以用来维持航天员的生命。

　　空间站配有"太空冰箱"，不过这个"冰箱"可不仅仅是用来储存食物的，它更重要的任务是制造特定的低温环境，保存科研样本，或者辅助科学家完成实验。

在太空中，航天员失去了引力与重力，肌肉和骨骼就会缺少压力，进而会出现肌肉萎缩的现象。航天员在太空停留时间越长，肌肉萎缩现象就会越严重，带来的后果就是航天员的肌肉力量、耐力、紧张度和协调性下降。为了减轻或避免因失重带来的不利影响，航天员必须考虑如何在天上运动起来，以减轻失重带来的肌肉萎缩症状。因此，在空间站里配备跑步机、动感单车等健身设备就显得尤为重要。

除此之外，航天员在太空中有相当一部分工作是进行舱内组装和维修，也就是说，完成空间站的建造任务，以及保持空间站十几年的运行，有很多组装和维护、维修工作需要航天员在太空中独立完成，其中一些工作甚至需要出舱，在舱外完成。为了让航天员的维修和组装工作能够更加准确、高效地完成，设计师们从标志、颜色、外形等方面对要维修或组装的设备、线缆和插头采取了一些措施，确保航天员在太空操作时能够精确无误地操作。

美国的空间站组件厂

在国际空间站工作的航天员

航天员对空间站太阳能电池阵列进行维修

→ 空间站内是如何实现大气净化的

空间站舱内大气的净化是保证空间站人员身体健康的重要条件。空间站舱内的污染物除了航天员呼出的二氧化碳、乘员的排泄物外，舱内微生物和仪器设备挥发物所造成的污染也不可忽视，它们都会危害航天员的身心健康，从而影响飞行任务的完成。

在空间站上，净化和消除航天员不断产生的二氧化碳的方法有两种：消耗性的化学吸收法和再生技术法。美国的载人航天器除"天空实验室"外，都采用氢氧化锂作为二氧化碳的吸收剂，并采用储氧技术来补充航天员代谢消耗的氧和舱体里泄漏的氧。经过地面实验和空间的长期应用，证明氢氧化锂吸收二氧化碳的性能是安全、可靠的。超氧化物和二氧化碳反应可以生成氧气，从而实现吸收二氧化碳和供应氧气的双重功能。

净化和消除舱内臭气与微量污染物的方法中最常用的方法是活性炭吸附法。载人航天器常用活性炭和氢氧化锂组合结构吸收包括二氧化碳在内的各种污染物。活性炭可以有效地吸附碳氢化合物和臭气，但对一氧化碳的吸附能力有限。

在进行中长期飞行时，太空站密闭舱的空气里还漂浮着许多有害微生物，这些微生物长期在空气中传播和扩散，遇到湿冷空气和适宜的温度，便会以呈几何指数增长的速度繁殖和滋生，使免疫功能已经下降的航天员更容易生病。因此，必须抑制或消除这些微生物的影响。

为了避免舱内有害微生物对人体健康造成的危害，常采用的方法是在舱内安装控制微生物的通风过滤装置和抑制舱内微生物滋生的空气净化装置。

为了控制微生物的生长，在国际空间站的日本实验舱和欧洲空间局的增压舱内，将高效粒子捕获材料过滤网巧妙地放置到空间站的密封舱内的通风管道系统上，这种网的网孔尺寸比空气中微生物的尺寸还小，当含有微生物的舱内空气通过管道中的过滤网时，高效粒子捕获材料过滤网就会将微生物阻挡在进风管口的外面，其有效过滤效率可达99.9%。这样，微生物、微粒污染物就不会再进入舱内继续污染舱内的空气，从而使舱内空气得到了净化。

空间站上各种不同型号的实验仪器也可以挥发出不同的化学试剂。这些化学试剂中有些是比较危险的，特别是一旦它们以无法预测的方式结合的话，可能产生有害物质，进而危害到航天员的健康。因此，将这些化学试剂与空气隔绝，对保证航天员的健康同样至关重要。

在第一次设计国际空间站时，美国宇航局的工程师们提出了在国际空间站上建造一个中央化学处理系统的设想，用它来处理和容纳所有实验用的化学试剂。结果证明这个系统过于复杂，具体实施时困难重重。

因此，专家们认为空间站本身需要有一定的检测能力，它可以检测今后15年进行内基础研究时所产生的化学物质，这些化学物质所需测量的频谱范围是很大的。显然，空间站无法提供所有的检测仪器，所以在进行实验舱中的实验设备设计时，应该考虑到每个系统都应建立自己的、防止化学试剂泄漏的系统，特别是要具备从投入使用到报废过程中的维护能力。对于每个实验，实验设备都要提供其泄漏水平的数据，以确定整个实验过程中可能产生的泄漏水平。在化学试剂出现泄漏时，航天员要将泄漏的模块密封起来，如果可能的话，下一步要将这些泄漏的物质清除。仔细的计划和精心的设计可以使这个过程中的风险降到最低，从而使空间站的航天员更加轻松地呼吸。

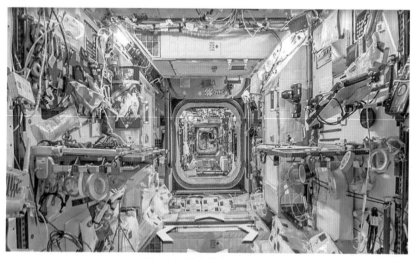

国际空间站内的实验室特写

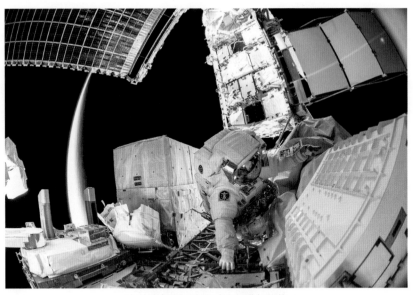

航天员在空间站外对设备进行维修

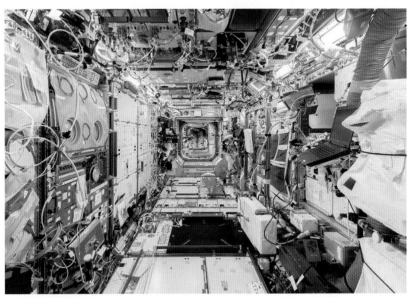

国际空间站内部特写

参考文献

[1]《深度军事》编委会. 航天器鉴赏指南 [M]. 北京：清华大学出版社，2017.

[2] 万志强，易楠，章异嬴. 问天神器——航天器、火箭与导弹的奥秘 [M]. 北京：化学工业出版社，2018.

[3] 北京航天飞行控制中心. 月背征途 [M]. 北京：北京科学技术出版社，2021.

[4] 炫睛科技. 探索航天科技 [M]. 北京：接力出版社，2021.